本书获安徽省自然科学基金(编号：1408085QE94)资助

基于动态数据驱动的煤矿瓦斯灾害预测技术研究

Research on Gas Disaster Prediction Technology Base on Dynamic Data Driven

孙克雷　编著

U0378727

西安电子科技大学出版社

内 容 简 介

　　本书提出了一种基于自相关分析方法与灰插值理论相结合的插值算法，为监测数据预处理提供了支持；针对井下多传感器监测数据的冗余性和矛盾性，提出了一种改进的分批估计方法进行融合处理，以提高瓦斯监测的准确性；构建了一种基于 GMAR 模型的在线瓦斯异常检测算法，可以检测短时间内瓦斯状态的异常突变；在上述成果的基础上，研究了基于决策融合技术的井下瓦斯危险性预测与评价模型，从而为井下瓦斯状态预测提供了决策支持。

　　本书适合于高等院校计算机专业和安全工程专业的高年级本科生、研究生、教师以及相关领域的科研工作者使用。

图书在版编目(CIP)数据

基于动态数据驱动的煤矿瓦斯灾害预测技术研究/孙克雷著.
—西安：西安电子科技大学出版社，2017.3
ISBN 978 - 7 - 5606 - 4394 - 6

Ⅰ. ①基… Ⅱ. ①孙… Ⅲ. ①煤矿—瓦斯预测—研究 Ⅳ. ①TD712

中国版本图书馆 CIP 数据核字(2017)第 000224 号

策　　划　邵汉平
责任编辑　张　玮
出版发行　西安电子科技大学出版社(西安市太白南路 2 号)
电　　话　(029)88242885　88201467　　　邮　　编　710071
网　　址　www.xduph.com　　　　　　　电子邮箱　xdupfxb001@163.com
经　　销　新华书店
印刷单位　陕西华沐印刷科技有限责任公司
版　　次　2017 年 3 月第 1 版　2017 年 3 月第 1 次印刷
开　　本　710 毫米×1000 毫米　1/16　印　张　8.75
字　　数　153 千字
印　　数　1～1000 册
定　　价　25.00 元

ISBN 978 - 7 - 5606 - 4394 - 6/TD

XDUP 4686001 - 1

＊＊＊如有印装问题可调换＊＊＊

本社图书封面为激光防伪覆膜，谨防盗版。

　　煤炭是我国国民经济发展的重要支柱，随着经济发展对能源需求的增加，我国煤炭总产量逐年上升，与此同时，煤矿安全事故也频繁发生，并且事故发生率居高不下。安全是煤矿生产的重中之重，同其他国家相比，我国煤矿事故死亡人数是其他主要产煤国家死亡人数总和的 4 倍以上，煤矿安全生产形势仍然十分严峻。

　　长期以来，瓦斯灾害一直是影响我国煤矿安全的最严重灾害之一。煤矿瓦斯是一个包含多因素的动态系统，在井下采掘的过程中会受到煤层赋存条件、瓦斯地质条件和开采技术条件等诸多因素的影响，给瓦斯灾害的预测和防治带来了极大的困难。但是瓦斯灾害同其他客观事物一样，有一个从量变到质变的过程，在灾害发生之前会出现一定的征兆。因此只要对影响瓦斯变化的各种因素深入分析处理，掌握瓦斯灾害的产生、发展和突变的规律，及时采取适当的措施，就能降低灾害带来的损失，甚至避免灾害的发生。本书依托信息融合技术和非线性理论，深入研究煤矿监测系统中采集的各种监测参数信息，挖掘井下环境危险性与各种监测指标之间的潜在关系，在此基础上提出了瓦斯安全状态的预测模型。

　　本书第 1 章介绍了信息融合技术的基本概念、融合结构和层次，分析了多传感器信息融合技术的优点，研究了与后续瓦斯预测相关的数据级融合和决策级融合技术，对其相关理论和算法做了详细介绍。第 2 章介绍了我国煤矿所面临的严峻安全形势，明确了进行瓦斯预测技术研究的意义，分析了瓦斯灾害的类型与危害，阐述了当前国内外瓦斯预测技术的研究现状。第 3 章研究了瓦斯监测数据的预处理技术。瓦斯监测数据预处理主要是指瓦斯缺失数据的填充，根据瓦斯缺失数据的特性提出了一种基于自相关分析与灰插值相结合的自相关灰插值算法，通过仿真实验验证了该算法的有效性。第 4 章研究了同类多传感器瓦斯监测数据的数据级融合。综合多传感器的监测结果是提高监测准确性的一种方法，针对多传感器采集的同一参数监测数据，提出了一种基于改进分批估计算法的多传感器融合方法，实验结果表明改进的分批估计融合算法更准确可靠。第 5 章分析了目前常用的几种异常检测方法的缺点与不足，提出了一种基于 GMAR 模型的实时瓦斯异常检测方法。GMAR 模型以煤矿瓦斯监控系统所采集的瓦斯数据为基础，利用灰色预测模型预测下一时刻的监测值，将预测值与参考滑动窗口之间的残差比作为决策函数。应用结果表明，对于异常数据该模型能够较为明显地检测出异常特征；而对于正常数据，模型也能较好地反映其非异常性。第 6 章研究了基于决策融合技术的井下环境危险性预测与评价，首先对影响井下瓦斯安全的瓦斯监测参数进行特征提取，分别应用灰色关联分析、动态模糊评价和模糊神经网络方法对井下环境危险等级进行判断和决策。灰色关联分析和动态模糊评价首先需要建立安全评价的等级标准，根据被测样本与标准等级样本的"距离"判断该样本的安全等级，可以完成孤立样本的安全评价；模糊神经网络方法以先验样本为基础进行模糊神经网络的训练，利用训练的网络评价被测样本的安全等级，并且以自身或相近条件的矿井数据为参考对象，因此具有较高的准确性。第 7 章以灰色理论为基础，结合含瓦斯煤样破坏失稳过程中的声发射特征，建立了以声发射特征为基础数据的含瓦斯煤样破坏失稳的灰色-突变判断模型，并验证了算法的有效性。第 8 章总结了本书完成的所有工作，并对本书研究的下一步工作进行了展望。

　　本书由安徽理工大学的孙克雷撰稿完成，其内容是作者在煤矿灾害预测领域的研究成果，研究期间得到了许多专家学者的帮助。首先感谢中国矿业大学（北京）张瑞新教授的指导。本书在撰写过程中还得到了中国矿业大学（北京）王忠强教授，安徽理工大学陆奎教授、周华平教授、吴观茂副教授以及阜阳师范学院孙刚副教授等的帮助，在此致以谢意。

　　由于作者水平有限，书中难免有不足之处，敬请读者批评指正。

编　者

2016 年 9 月

目 录

第 1 章　理 论 基 础

1.1　信 息 融 合

信息融合(Information Fusion)的概念是 20 世纪 70 年代提出来的,最先应用于军事领域。事实上人类和其他动物对客观事物的认知过程就是一个信息融合的过程,在这个过程中,人或动物本能地将各种功能器官所探测的信息依据某种未知的规则进行综合处理,从而得到对客观对象统一的认识和理解。信息融合是使用机器对人脑综合处理复杂问题的一种功能模拟,通过对各种传感器观测信息的合理支配与使用,将在空间和时间上互补、冗余及矛盾的信息依据某种优化准则组合起来,产生对观测环境的一致性解释和描述。这里所指的传感器不仅包括物理意义上的各种传感器系统,也包括与观测环境匹配的各种信息获取系统。

信息融合的数学本质是多元变量决策,它属于应用基础学科范畴,建立在许多基础学科之上,又反过来推动基础学科的进展;应用于许多研究领域,又反过来推动这些研究领域的进展。可以说,信息融合是在需求的推动下,依据现有的理论和方法在应用中逐渐发展起来的。信息融合的研究最初源于 20 世纪 80 年代初期的军事应用,在 90 年代后期逐渐发展壮大并延伸到民用领域。1995 年 IEEE 召开了首届多传感器融合和集成国际会议,从 1998 年起成为每年召开一届的固定国际会议,1999 年成立国际信息融合学会,2000 年开始出版信息融合杂志,此外,还有其他专门的信息融合会议和国际期刊发表信息融合研究与应用的进展[1-3]。

信息融合的应用范围非常广泛,各行各业都按自己的理解给出了不同的定义,因此,虽然对信息融合的研究已有 30 多年的历史,至今仍然没有一个被普遍接受的定义。目前最流行的定义是由 Edward Waltz 和 James Llinas 提出的:信息融合是一种多层次的、多方面的处理过程,这个过程是对多源数据进行检测、结合、相关、估计和组合,以达到精确的状态估计和身份估计,以及完整、及时的态势评估和威胁估计[4]。

1.1.1　信息融合的层次模型

信息融合层次是信息融合领域中经常提到的一个概念，由于考虑问题的出发点不同，融合层次有多种划分方法。普遍被接受的划分方法是依据融合任务的主体情况，将信息融合分为数据级融合、特征级融合和决策级融合三个层次。信息融合在这三个层次上完成对信息处理的过程，每个层次反映对原始观测数据不同级别的抽象。

1. 数据级融合

数据级融合是指对未经预处理的原始数据直接进行的融合，属于最低层次的融合，如图 1.1 所示。数据级融合的优点是保持了尽可能多的现场数据，提供了其他融合层次所不能提供的细微信息，具有较高的融合性能。同时，因为信息没有经过压缩，造成要处理的数据量庞大，故对数据传输带宽要求高，实时性差。此外，数据级融合易受传感器不确定性和不稳定性的影响，对数据之间的配准精度要求很高，只能处理同一观测对象的同质传感器数据。

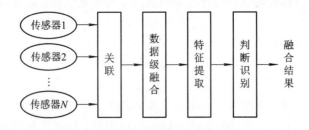

图 1.1　数据级融合

2. 特征级融合

如图 1.2 所示，在特征级融合方法中，首先在传感器原始信息的基础上抽象出各自的特征向量，然后在融合中心对获得的联合特征向量进行融合处理。特征提取实现了信息的压缩，同时又可以最大限度地保留决策所需要的相关信息。特征级融合降低了对传输带宽的要求，实时性强，但由于损失了一部分信息，造成融合性能有所下降。特征级融合具有较大的灵活性，应用范围较广。

特征级融合属于中间层次的融合，按应用类型可划分为目标特征信息融合和目标状态信息融合两大类。其中目标特征信息融合需要在融合前对特征进行关联处理，实质上就是一种模式识别问题；目标状态信息融合首先对多源数据进行配准处理，然后进行参数关联的状态估计，多用于目标跟踪领域。

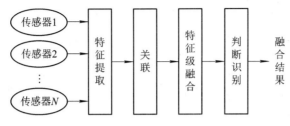

图 1.2　特征级融合

3. 决策级融合

决策级融合是一种高层次的融合，首先由每个传感器基于自身数据获得独立的身份估计，然后在融合中心对各传感器的局部决策进行融合，最终得到整个系统的决策结果，如图 1.3 所示。决策级融合必须从具体决策问题出发，仔细分析影响最终决策的各种因素，充分利用特征融合提供的各种特征信息。决策级融合的优点在于其容错性强，当某个或某些传感器出现故障时，系统经过适当的融合处理可以将影响降低到最低。此外，决策级融合对计算机的要求低，其运算量小，通信量小，实时性强，但是损失的信息量大，性能相对较差。

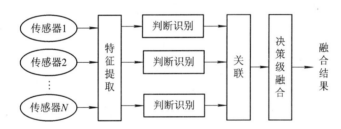

图 1.3　决策级融合

信息融合的三种层次各有优缺点，表 1.1 给出了其优缺点的对比。

表 1.1　三种融合层次优缺点的对比

	数据级融合	特征级融合	决策级融合
处理信息量	最大	中等	最小
信息量损失	最小	中等	最大
抗干扰性能	最差	中等	最好
容错性能	最差	中等	最好
算法难度	最难	中等	最易
融合前处理	最小	中等	最大
融合性能	最好	中等	最差
传感器类型	同类	无要求	无要求

实际上，一个面向决策任务的融合系统往往需要多个具体的融合步骤，各个步骤采用的融合方法可能面对不同的对象，自然会产生不同的组合形式。如果从信息融合协同的输入数据出发，实际可以采取多种不同形式的融合层次。图 1.4 就是一个从传感器数据源出发，可能采用的融合层次前后关系的说明示例。数据级融合的数据源可以是来自不同的传感器或不同的信息源，图中仅给出了两组传感器，数据级融合的结果还是数据，可以通过算法进行提取特征；特征级融合的输入特征可能来自不同数据级融合的结果，也可能是由其他信息源直接提供的特征，特征层输出可以直接形成相应的局部决策；决策级融合的输入为多种局部决策，输出的结果是获得的融合决策。

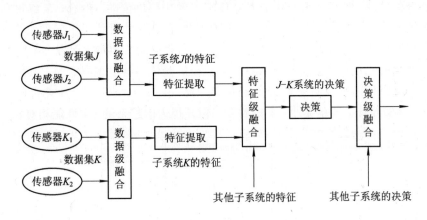

图 1.4   多级融合的信息融合关系图

1.1.2   信息融合的体系结构

体系结构是指系统的各组成单元以及它们之间的关系，各单元的组合可以使系统完成独立单元所不能完成的功能。因此，系统地探讨信息融合系统的结构形式对实际融合应用系统的规划与设计显得非常必要。常见的信息融合的结构模型有中心型结构、分布型结构和混合型结构[5,6]。

1. 中心型结构

在中心型结构中，各传感器仅起到数据采集的作用，并不对数据进行预处理，直接将所采集的数据传送到融合中心统一处理得到融合估计结果。这种结构的特点是信息损失量小，融合精度高，同时它对系统的通信带宽要求高，融合中心计算负担重，一般仅适用于小规模系统，其结构见图 1.5。

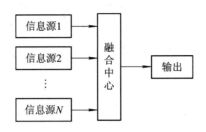

图 1.5 中心型信息融合结构模型

2. 分布型结构

分布型结构中各传感器完成本身信息的处理,从观测数据中提取特征向量,并将特征向量传送到融合中心,在融合中心形成全局估计。相对于集中型结构,分布型结构具有造价低、融合中心计算量小、通信信道压力轻等特点,但是在特征提取过程中会损失部分信息,融合精度低于集中型,其结构见图 1.6。

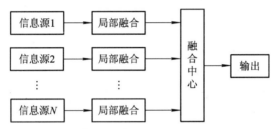

图 1.6 分布型信息融合结构模型

3. 混合型结构

混合型结构兼有中心型和分布型两种结构的优点,既可数据融合也可特征融合,各传感器信息可重复利用,但在通信和计算上要付出较高的代价。此类系统在结构上更具有灵活性,具有上述两种结构难以比拟的优势,因此在实际应用中一般都采用混合型结构,其结构见图 1.7。

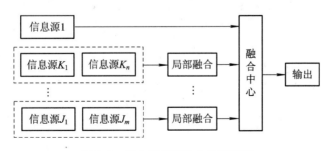

图 1.7 混合型信息融合结构模型

对于一个特定的应用环境，各种影响因素之间互相作用，不可能存在对任何一个应用都达到最优要求的结构，因此需要根据系统的具体情况，综合考虑计算资源、通信带宽、精度要求、传感器能力和成本等多方面因素，合理地选择其设计结构，使系统的整体融合性能达到最佳。

1.1.3 信息融合的功能模型

近二十年来，基于不同的应用领域出现了多种不同观点的信息融合模型。其中，影响范围较大的有 JDL 模型[5]、Dasarathy 提出的 I/O 功能模型[7]、S. D. E. Elisa 提出的扩展 OODA 模型[8]，以及 B. Mark 提出的 Omnibus 处理模型等[9]。本书主要介绍其中最具代表性的两种模型：JDL 模型和 Dasarathy 模型。

1. JDL 模型

JDL 模型是由美国国防部三军实验室理事联席会（JDL）下属的数据融合小组（DFS）最先提出的一种功能模型，几经修改后逐渐被越来越多的系统所采用，其融合模型如图 1.8 所示。JDL 融合模型的应用背景虽然面向军事领域，但它为信息融合提供了基本理解和进一步讨论的框架，因而也普遍适用于其他多种应用领域。

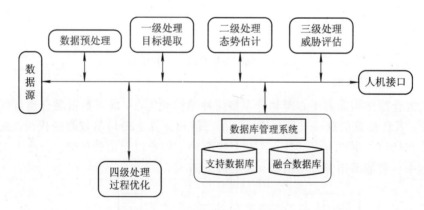

图 1.8　JDL 数据融合模型

JDL 模型将融合过程分为四个处理级别：目标提取、态势估计、威胁评估和过程优化，每个处理级别都可以进一步分割，并且可以采用不同的方法实现。

第一级为目标提取，其处理过程包括数据配准、位置关联和参数估计等。目标提取通过综合多传感器的信息获得目标状态的精确表示，为更高级别的融合过程提供辅助决策信息。该级别的信息处理一般采用数据计算方法，其中位置估计通常以最优估计技术为基础；而身份估计一般采用模式识别技术。

第二级处理包括态势提取、态势分析和态势预测，统称为态势估计。态势提取是从大量不完全数据集合中构造出态势的一般表示；态势分析包括实体合并、协同推理、协同关系分析与实体之间关系的分析；态势预测根据对观测数据和周围环境的相关分析，形成有关事件态势的预测和推理。

第三级处理是威胁评估，包括综合环境判断、威胁等级判断及辅助决策。威胁评估根据当前态势映射评估参与者预测或设想行为的影响。威胁评估的信息流总是跨越不同的层次来进行融合处理，并且在不同的层次上进行控制，这就要求威胁评估的分析处理对跨级的控制有较敏感的操作。

过程优化通常被认为是融合处理的第四级，它是一个更高级的处理阶段。过程优化利用已建立的优化指标对融合过程实时监控，从而实现资源的最优部署，提高融合系统的性能。目前，过程优化的研究主要集中在，如何在有限的系统资源内对有限制条件的特定任务进行建模和优化。

此外，JDL 模型通过人机接口实现人机交互，一方面把人引入到融合系统中，充分发挥其高智能的指挥、决策和评价等作用，使人成为了信息融合系统中的重要组成部分。另一方面，提供易于理解的融合结果和决策支持是信息融合系统的目的，人作为融合系统服务的对象，是整个信息融合过程中信息流向的最终归宿。

2. Dasarathy 模型

Dasarathy 模型是以信息功能处理为线索，根据融合任务加以构建的信息融合模型，可以有效地描述各个级别的融合行为。Dasarathy 认为融合单元的输入和输出可能发生在数据层、特征层和决策层的同一层或不同层之间，从而形成了五种不同形式的输入-输出关系对，如图 1.9 所示。

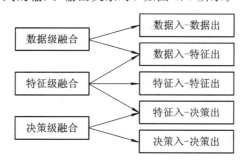

图 1.9　Dasarathy 融合模型

（1）数据入–数据出（DAI-DAO，Data In-Data Out）属于数据级融合，位于融合系统的最底层。该层融合要求融合数据之间的配准精度高，表示的是同一观测对象的信息特征，涉及的处理技术为主分量分析和频率变换等信息处理技术。

（2）数据入–特征出（DAI-FEO，Data In-Feature Out）就是所谓的特征提取，常用做第一级处理。该层的融合输入为不同传感器提供的同质或异质数据，融合输出为反映观测对象或环境的特征向量。

（3）特征入–特征出（FEI-FEO，Feature In-Feature Out）是一种特征级融合，其输入数据可以是定性（启发式逻辑过程）或定量的（特征空间），经过选择处理或相互复合，提炼出更高层意义的高级特征。

（4）特征入–决策出（FEI-DEO，Feature In-Decision Out）是常见的融合形式，主要包括模式识别和模式处理，其输入的特征是以向量形式表示的几何特征，而输出是以符号形式表示的决策。

（5）决策入–决策出（DEI-DEO，Decision In-Decision Out）是最直观的一种融合形式，位于融合系统的最上层。首先由每个传感器基于自身数据获得独立的身份估计，然后在融合中心对各传感器的局部决策进行融合，最终形成整个系统的决策。

JDL 模型是以信息过程处理为线索；Dasarathy 模型是以信息功能处理为线索。在不同的应用领域，还涌现出了其他一些结构不同的融合模型，其基本思想都是基于分层设计，将具有复杂功能的系统化简为相对简单的子模块。

1.1.4　典型的信息融合算法

信息融合作为一种多变量决策技术，实际上是新技术与传统学科的集成与应用。传统的估计理论和识别算法奠定了信息融合的理论基础。同时，近年来出现的一些新的基于人工智能和信息论的方法，如证据理论、模糊理论、神经网络等，已经成为推动信息融合发展的重要力量。下面简要介绍几种比较典型的信息融合算法。

1. 加权平均

加权平均融合方法是对所有 K 个分类的输出结果进行加权处理[10,11]，即

$$q(x) = \operatorname*{argmax}_{j=1}^{N}\left(\frac{1}{K}\sum_{i=1}^{K}\omega_i y_{ij}(x)\right) \tag{1.1}$$

其中，N 是类数，$y_{ij}(x)$ 表示第 i 个分类器将输入 x 划分到第 j 类的输出信任度，权值 $\omega_i(i=1,2,\cdots,K)$ 由不同分类器在训练集上误差的最小化导出。第 i

个分类器的输出为

$$y_i(x) = d(x) + \varepsilon_i(x) \tag{1.2}$$

其中，$d(x)$ 表示希望的真输出，$\varepsilon_i(x)$ 表示误差。第 i 个决策的均方误差可以表示为

$$e_i = E\{[y_i(x) - d(x)]^2\} = E[\varepsilon_i^2] \tag{1.3}$$

如果 ω_i 是指定到 i 个决策的权值，则满足所有权值之和为 1 输出权值的组合表示为

$$y(x) = \sum_{i=1}^{K} \omega_i y_i(x) = d(x) + \sum_{i=1}^{K} \omega_i \varepsilon_i(x) \tag{1.4}$$

设 C 为表示不同局部决策之间误差的相关矩阵，由下列表示的元素构成：

$$c_{ij} = E[\varepsilon_i(x)\varepsilon_j(x)] \tag{1.5}$$

其中，M 是整个样本的数目。整个误差可以确定为

$$e = \sum_{i=1}^{n} \sum_{j=1}^{n} \omega_i \omega_j c_{ij} \tag{1.6}$$

极小化误差 e 获得最佳权值，当所有权值之和为 1 时，ω_i 解为

$$\omega_i = \frac{\sum_{j=1}^{K} (\boldsymbol{C}^{-1})_{ij}}{\sum_{k=1}^{K} \sum_{j=1}^{K} (\boldsymbol{C}^{-1})_{ij}} \tag{1.7}$$

加权平均融合方法的缺点在于矩阵 $\boldsymbol{C}$ 的逆可能不稳定。

要求 $\omega_i \geqslant 0$，$\forall i = 1, \cdots, K$，进一步限制权值。由极小化误差函数可以确定权值：

$$e = \sum_i \omega_i e_i + \sum_{i,j} \omega_j c_{ij} \tilde{\omega}_i - \sum_i \omega_i c_{ij} + \lambda \sum_{i=1}^{K} \omega_i^2 \tag{1.8}$$

其中最后一项是正则项，λ 是正则化系数。加权平均方法克服了对不满意分类器输出简单平均的弱点，但基础分类器中间的共线性有时会破坏这个方法的稳健性。

2. 卡尔曼滤波

卡尔曼滤波是 R. E. Kalman[12] 于 1960 年提出的一种从被提取的观测量中通过算法估计出所需要信息的一种滤波算法，其基本原理是通过递推迭代计算，提供一种线性无偏的最佳估计。卡尔曼滤波将现代控制理论中状态空间的概念引入到信息融合中，用状态方程来描述观测系统，只需当前测量值和前一采样周期的预测值就可以进行状态估计[13, 14]。

一个不考虑控制作用的随机线性离散系统的状态方程可以表示为

$$\begin{cases} \boldsymbol{X}_k = \boldsymbol{\Phi}_{k,\,k-1} \boldsymbol{X}_{k-1} + \boldsymbol{\Gamma}_{k-1} \boldsymbol{W}_{k-1} \\ \boldsymbol{Z}_k = \boldsymbol{H}_k \boldsymbol{X}_k + \boldsymbol{V}_k \end{cases} \tag{1.9}$$

式中，$\boldsymbol{X}_k$ 是系统的 n 维状态向量，$\boldsymbol{Z}_k$ 是系统的 m 维观测序列，$\boldsymbol{W}_k$ 是 p 维过程噪声序列，$\boldsymbol{V}_k$ 是 m 维观测噪声序列，$\boldsymbol{\Phi}_{k,\,k-1}$ 是系统的 $n \times n$ 维状态转移矩阵，$\boldsymbol{\Gamma}_{k-1}$ 是 $n \times p$ 维噪声输入矩阵，$\boldsymbol{H}_k$ 是 $m \times n$ 维观测矩阵。

如果被估计状态 $\boldsymbol{X}_k$ 和对 $\boldsymbol{X}_k$ 的观测量 $\boldsymbol{Z}_k$ 满足式（1.9）的约束，系统观测噪声 $\boldsymbol{V}_k$ 和过程噪声 $\boldsymbol{W}_k$ 满足高斯白噪声假设，并且系统观测噪声 $\boldsymbol{V}_k$ 的 $m \times m$ 维方差矩阵 $\boldsymbol{R}_k$ 正定，系统过程噪声 $\boldsymbol{W}_k$ 的 $p \times p$ 维方差矩阵非负定，则 $\boldsymbol{X}_k$ 的估计式 $\hat{\boldsymbol{X}}_k$ 可按下述方程求解。

状态预测与估计：

$$\hat{\boldsymbol{X}}_{k,\,k-1} = \boldsymbol{\Phi}_{k,\,k-1} \hat{\boldsymbol{X}}_{k-1} \tag{1.10a}$$

$$\hat{\boldsymbol{X}}_k = \hat{\boldsymbol{X}}_{k,\,k-1} + \boldsymbol{K}_k [\boldsymbol{Z}_k - \boldsymbol{H}_k \hat{\boldsymbol{X}}_{k,\,k-1}] \tag{1.10b}$$

滤波增益：

$$\boldsymbol{K}_k = \boldsymbol{P}_{k,\,k-1} \boldsymbol{H}_k^{\mathrm{T}} [\boldsymbol{H}_k \boldsymbol{P}_{k,\,k-1} \boldsymbol{H}_k^{\mathrm{T}} + \boldsymbol{R}_k]^{-1} \tag{1.10c}$$

协方差预测与估计：

$$\boldsymbol{P}_{k,\,k-1} = \boldsymbol{\Phi}_{k,\,k-1} \boldsymbol{P}_{k-1} \boldsymbol{\Phi}_{k,\,k-1}^{\mathrm{T}} + \boldsymbol{\Gamma}_{k,\,k-1} \boldsymbol{Q}_{k-1} \boldsymbol{\Gamma}_{k,\,k-1}^{\mathrm{T}} \tag{1.10d}$$

$$\boldsymbol{P}_k = [\boldsymbol{I} - \boldsymbol{K}_k \boldsymbol{H}_k] \boldsymbol{P}_{k,\,k-1} \tag{1.10e}$$

式（1.10）即为离散型卡尔曼滤波器的 5 个核心公式。只要给定初值 $\hat{\boldsymbol{X}}_0$ 和 $\boldsymbol{P}_0$，根据 k 时刻的观测值 $\boldsymbol{Z}_k$，就可以递推得到 k 时刻的状态估计 $\hat{\boldsymbol{X}}_k$。

在一个滤波周期内，卡尔曼滤波具有两个明显的信息更新过程：时间更新过程和观测更新过程。式（1.10a）说明了状态一步预测的方法，式（1.10d）对预测的质量进行了定量描述，这两式将时间从 $k-1$ 时刻推进至 k 时刻，描述了卡尔曼滤波的时间更新过程；其余诸式用来计算对时间更新值的修正量，其目的是合理地利用观测值 $\boldsymbol{Z}_k$，这一过程描述了卡尔曼滤波的观测更新过程。式（1.10a）和式（1.10b）又称为卡尔曼滤波器方程，由此两式可得如图 1.10 所示的卡尔曼滤波器结构图[15-17]。

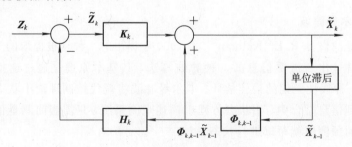

图 1.10　卡尔曼滤波器结构图

3. 证据理论

证据理论是由 Dempster 和 Shafer 于 20 世纪 60 年代末建立的一种数学理论，是对概率论的进一步扩充[18,19]。D-S 证据理论采用信任函数代替了传统概率论中的概率，通过对一些事件的概率加以约束以建立信任函数，可以处理由不知道所引起的不确定性，适用于专家系统、人工智能和系统决策等领域。

1）基本概念

设有论域 U 和元素 A，且 $A \subset U$，U 中所有元素间互不相容，U 是 A 的识别框架。如果有

$$m: 2^U \to [0, 1], \ m(\Phi) = 0, \ \sum_{A \subset U} m(A) = 1 \qquad (1.11)$$

式中，$m(A) \in [0, 1]$，$A \subset 2^U$，则函数 m 称为概率分配函数，$m(A)$ 为 A 的概率赋值。$m(A)$ 表示对命题 A 的精确信任程度，表示了对 A 的直接支持。

再讨论似真度函数和信任函数。似真度函数 pl(A) 表示不否定 A 的信任度。信任函数 bel: $2^U \to [0, 1]$ 和似真度函数 pl: $2^U \to [0, 1]$ 都可由 $m(A)$ 导出[20-23]。

$$\mathrm{bel}(A) = \sum_{B \subseteq A} m(B) = 1, \quad \mathrm{pl}(A) = 1 - \mathrm{bel}(\overline{A}) \qquad (1.12)$$

如果识别框架 U 的一个子集 A，具有 $m(A) > 0$，则其称为信任函数 bel 的焦元，所有焦元的并称为核。焦元 A 的信任度区间 el(A) 为

$$\mathrm{el}(A) = [\mathrm{bel}(A), \mathrm{pl}(A)] \qquad (1.13)$$

A 的不确定性有几种情况：① $[1, 1]$ 表示 A 真（因为 bel$(A) = 1$，bel$(\overline{A}) = 0$）；② $[0, 0]$ 表示 A 伪（因为 bel$(A) = 0$，bel$(\overline{A}) = 1$）；③ $[0, 1]$ 表示对 A 一无所知（因为 bel$(A) = 0$，bel$(\overline{A}) = 0$）。

2）组合公式[24-26]

$$m = m_1 \oplus m_2 \qquad (1.14)$$

设 bel$_1$ 和 bel$_2$ 为同一识别框架 U 的两个信任函数，m_1 和 m_2 分别是其对应的基本概率赋值，焦元分别为 $A_1, A_2, \cdots, A_k$ 和 $B_1, B_2, \cdots, B_r$，又设

$$K_1 = \sum_{i,j \& A_i \cap B_j = \phi} m_1(A_i) m_2(B_j) < 1$$

则

$$m(C) = \begin{cases} \dfrac{\displaystyle\sum_{i,j \& A_i \cap B_j = C} m_1(A_i) m_2(B_j)}{1 - K_1} & \forall C \bigcup U, C \neq \Phi \\ 0 & C = \Phi \end{cases} \qquad (1.15)$$

式中：$K_1 \neq 1$，$m(c)$ 有一个确定的概率赋值；$K_1 = 1$ 表明 m_1 和 m_2 矛盾，不能对

基本概率赋值进行组合。多证据需要逐队进行组合。

1.1.5 比较分析

前面介绍了几种比较常用的信息融合算法，每种算法都具有一定的优点和缺点，如表 1.2 所示。在实际使用过程中，只有结合具体的应用环境，选择合适的算法，才能构建出合理的融合结构和融合模型。单独采用一种方法具有一定的局限性，将各种方法集成已经成为当前信息融合研究的一个热点，例如神经网络与模糊理论的结合、证据理论与模糊理论的结合、证据理论与粗糙集的结合等[27-30]。

表 1.2 不同融合算法的对比分析

融合算法	优　点	缺　点
加权平均	克服了对不满意分类器输出简单平均的弱点	基础分类器中间的共线性会破坏此方法的稳健性
卡尔曼滤波	能处理多维非平稳随机过程的估计问题；数据存储量小、实时性强	需要给出初始状态等先验信息；要求系统噪声是高斯白噪声
证据理论	不需要给出先验概率；能区分不确定和不知道信息	计算具有潜在的指数复杂度；无法处理冲突证据

1.2 非 线 性 理 论

绝大多数复杂问题都具有非线性本质或呈现出非线性现象。有学者认为：在物质世界中，无论是宇观、宏观和微观，都是由一定层次结构和功能的非线性系统构成的，也即自然界和现实生活中几乎所有系统都是非线性的。尽管工程中的非线性问题涉及许多学科，内容不尽相同，但它们都具有如下非线性问题的共同特点：

(1) 系统最终的控制方程均为非线性方程(代数、常微分、偏微分)。

(2) 线性叠加原理在整体上不成立，最多只在只局部近似成立。例如：基于线性叠加原理的力法方程、杜哈美积分(卷积)、振型叠加法等，在整体上均不成立。对于非线性问题应用线性问题中的这些求解方法将导致不真实甚至不合理的结果。

(3) 问题一般无解析解(除一元二次方程外)，即适用于线性问题的解析法对于非线性问题无能为力，故通常均需采用数值方法或其他近似方法求解。

（4）非线性问题的理论和方法仅在一定范围内适用。对于非线性系统一般都具有开放性、对称破缺、不可逆性、遍历性和不确定性。

由于非线性问题的上述特征，使得对于非线性问题，人们不能再指望并且也不会存在有像牛顿力学那样具有普遍性和完备性的理论，非线性问题中几乎所有的理论和方法都不能也不可能包打天下，都将具有一定的适用范围，即使像数学公理体系也都是不完备的。

工程中的非线性问题早在 19 世纪中叶就引起了人们的关注，并引起了一些著名数学家和力学家的研究兴趣，经过他们的不懈努力，取得了一些重要的研究成果，例如，19 世纪以俄国学者庞加莱为代表的学派，针对求解非线性振动方程提出了摄动方法、等效线性化方法、相平面方法等，至今仍为求解拟非线性微分方程的基本方法之一。然而，由于当时科技水平的限制和计算工具的匮乏与落后，非线性问题的解决尚没有革命性和根本性的突破。

经过几代科学家多年的努力，特别是自 20 世纪 60 年代以来，有限差分、有限元和边界元法等数值方法的出现和发展，以及高速大容量的电子计算机的问世和普及应用，为非线性问题的解决提供了必要的计算手段和计算工具，使人们对非线性问题的研究如虎添翼，研究工作取得了长足的进步。近年来，非线性问题成为各学科中的热点课题，研究论文与日俱增，学术研讨会也越来越多。对分岔现象和混沌现象的研究已成为非线性系统理论中很受重视的一个方向。突变理论、耗散结构理论和协同学这些也以非线性系统为研究对象的新兴学科相继出现，它们的方法和结果将对非线性系统理论乃至整个系统科学产生重要影响。

1.2.1　模糊理论

模糊理论是在美国加州大学的 L. A. Zadeh[31,32]教授 1965 年创立的模糊集合理论的基础上发展起来的。模糊理论就是将经典集合中的绝对隶属关系模糊化，以模仿人的模糊综合判断推理来处理模糊信息问题。元素的隶属度不再局限于 0 或 1 两种选择，而是可以取 0～1 之间的任何一个数值。

建立一个模糊系统的核心在于如何自动生成和调整隶属度函数及模糊规则，通常人们首先根据经验构建一套实用的规则和隶属函数，然后通过实际检验不断调整最终达到系统的要求。

1. 基本概念

在普通集合中，可以用 0 或 1 来描述一个元素 x 是否属于集合 A，当 $x \in A$ 时记做 1，$x \notin A$ 时记做 0。而模糊集合是没有精确边界的集合，因此不能用绝对性的 0 或 1 来表示其归属。在模糊理论中，对模糊性的描述就是通过隶属函数来实现的，隶属函数是模糊数学中最基本和最重要的概念。

设 U 是论域，U 上的一个模糊集合 A 由隶属函数 $\mu_A:U \rightarrow [0, 1]$，设 $x \in U$，则 $\mu_A(x)$ 表示 x 属于 A 的程度，称 $\mu_A(x)$ 为 x 关于模糊集 A 的隶属函数。$\mu_A(x)=1$ 表示 x 完全属于集合 A，而 $\mu_A(x)=0$ 表示 x 完全不属于集合 $A^{[33-35]}$。

通常使用模糊度表示模糊集及其元素模糊或清晰的程度。Delaca 给出了有关论域 X 上模糊集及其模糊度的定义。所谓模糊集 A 的模糊度 $D(A)$，需满足以下五条性质：

(1) 当且仅当 $\mu_A(x_i) \in \{0, 1\}$ 时，$D(A) \equiv 0$，$(\forall x_i \in U)$；

(2) 当 $\mu_A(x_i)=0.5$ 时，$D(A)=1$，$(\forall x_i \in U)$；

(3) $\forall x \in U$，若有 $\mu_{A1}(x) \geqslant \mu_{A2}(x) \geqslant 0.5$ 或 $\mu_{A1}(x) \leqslant \mu_{A2}(x) \leqslant 0.5$，则 $D(A_2) \geqslant D(A_1)$；

(4) $D(A) \geqslant D(A^c)$；

(5) $D(A_2 \bigcup A_1) + D(A_2 \bigcap A_1) = D(A_1) + D(A_2)$。

当元素的隶属度为 0.5 时，模糊集 A 为最模糊，即模糊度的本征值为 0.5；当隶属度越接近 0.5 时，模糊度越大，模糊集 A 的清晰度越低；反之，当隶属度越远离 0.5 时，模糊度越小，模糊集 A 就越清晰；当隶属度为 0 或 1 时，模糊集 A 的清晰度最大，此时模糊集 A 退化成普通集合。

2. 模糊推理

模糊推理也称做近似推理，是从一组模糊 if-then 规则和已知事实中得出结论的推理过程。模糊理论通过模糊推理来完成信息的融合，常用的模糊推理方法有两种：广义前向推理和广义反向推理[36,37]。

利用模糊推理进行多传感器信息融合一般包括以下几个步骤：

(1) 模糊推理系统设计，选用合适的隶属度函数描述传感器特征信息，针对不同的问题，利用不同领域的知识确定模糊推理规则。

(2) 输入变量模糊化，首先对输入数据进行规范化处理，然后将确定的输入转换为隶属度函数描述的模糊度。

(3) 进行模糊推理，根据模糊蕴含运算由前件推断每一条规则的结论。

(4) 模糊合成，通过模糊合成对模糊规则推理得到的模糊结论进行综合处理，得到一个总的结论。

(5) 反模糊化，将输出模糊量按照模糊度函数进行反模糊化处理，将模糊推理融合的结果转化为确定的输出。

模糊推理的原理如图 1.11 所示。

图 1.11　模糊推理的原理图

1.2.2　神经网络

为了模拟大脑的基本特性，在神经科学研究的基础上，人们对生物网络进行了某种抽象、简化和模拟，提出了神经网络模型。神经网络是由大量简单的处理单元(神经元)互相连接而形成的复杂网络计算系统，其信息的处理通过神经元的相互作用来实现，知识与信息的存储表现为网络元件分布式的物理联系。神经网络具有良好的容错性、层次性及可塑性，并且具有自组织、自学习、联想存储的功能和高速寻找优化解的能力[38—40]。

根据生物神经元的结构和功能，从 20 世纪 40 年代以来，人们提出了大量的神经元模型，其中影响较大的是 1943 年 W. S. McCulloch 和 W. Pitts[41]共同提出的形式神经元模型，通常称为 MP 模型。MP 神经元是一个多输入单输出的非线性器件，其结构模型如图 1.12 所示。

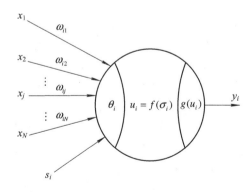

图 1.12　神经元结构模型

图 1.12 中，u_i 为神经元的内部状态，θ_i 为阈值，x_j 为输入信号，ω_{ij} 表示神经元 i 与神经元 j 之间的权值，s_i 表示某一外部输入的控制信号。神经元模型可用式(1.16)所示的一阶微分方程来描述，它可以模拟生物神经网络突触膜电位随时间变化的规律。

$$\begin{cases} \sigma_i = \sum_{j=1}^{N} \omega_{ij} x_j + s_i - \theta_i \\ y_i = g(u_i) \end{cases} \tag{1.16}$$

神经网络是一种并行分布式系统，采用了与传统人工智能和信息处理技术完全不同的机理，克服了基于逻辑符号的人工智能在处理直觉、非结构化信息方面的缺陷，具有通过学习获取知识并解决问题的能力。相对于前面介绍的几种融合方法，神经网络更贴近于人脑的思维方式，具有更高的智能性。神经网络具有以下几个特点[42-46]：

（1）非线性。一个神经元可以是线性或者是非线性的。非线性神经元具有激活和抑制两种不同的状态，在数学上表现为一种非线性关系，由非线性神经元与构成的神经网络是非线性的，并且非线性是一种分布于整个网络中的特殊性质。

（2）自适应性。神经网络具有调整自身权值以适应外界变化的能力。在特定环境下接受训练的神经网络，对环境条件不大的变化容易进行重新训练；当在一个时变环境中运行时，网络的权值可以设计成随时间变化。

（3）容错性。神经网络由大量的神经元互相连接而成，同时信息是分布式存储，当局部的或部分的神经元出现故障或失效时，整个系统仍能正常工作，因而具有非常强的容错能力。

（4）实时性。神经网络的每个神经元都是一个处理单元，虽然每个处理单元的功能简单，但大量简单的处理单元采用的是并行结构和并行处理机制，具有较快的处理速度，能够满足信息融合的实时处理要求。

1.2.3　支持向量机

支持向量机方法是来自统计学习理论的一种工具，可以很好地解决非线性问题，通过核函数进行映射，最后还原。另外，支持向量机模型可以用二次优化来求解，因此所求的解是全局最优解，避免了局部极小值；支持向量机对于小样本数据的求解也很理想，它能在算法的复杂性和机器学习能力间进行权衡，从而实现较高精度的预测。支持向量机方法的基本想法是基于结构风险最小化原则来最小化期望风险泛函或者泛化误差的边界，在使训练样本误差较小的前提下，测试样本误差也较小。

传统的统计模式识别方法只有在样本趋向无穷大时，其性能才有理论的保证。统计学习理论研究有限样本情况下的机器学习问题，支持向量机的理论基础就是统计学习理论。传统的统计模式识别方法在进行机器学习时，强调经验风险最小化；而单纯的经验风险最小化会产生"过学习问题"，其推广能力较差。

根据统计学习理论，学习机器的实际风险由经验风险值和置信范围值两部分组成。而基于经验风险最小化准则的学习方法只强调了训练样本的经验风险最小误差。支持向量机以训练误差作为优化问题的约束条件，以置信范围值最小化作为优化目标，是一种基于结构风险最小化准则的学习方法，其推广能力明显优于一些传统的学习方法。

1. 线性判别函数和判别面

一个线性判别函数是指由 x 的各个分量的线性组合而成的函数，即

$$g(x) = w^{\mathrm{T}} x + w_0 \tag{1.17}$$

对于两类问题的决策规则可描述为图 1.13 所示。

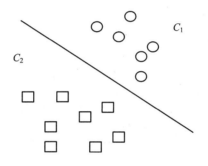

图 1.13　两类问题决策规则

容易看出，如果 $g(x) > 0$，则判定 x 属于 C_1；如果 $g(x) < 0$，则判定 x 属于 C_2；如果 $g(x) = 0$，则可以将 x 任意分到某一类或者拒绝判定。方程 $g(x) = 0$ 定义了一个判定面，它把归类于 C_1 的点与归类于 C_2 的点分开来。当 $g(x)$ 是线性函数时，这个平面被称为超平面。

当 x_1 和 x_2 都在判定面上时，$w^{\mathrm{T}}(x_1 - x_2) = 0$。这表明 w 和超平面上任意向量正交，并称 w 为超平面的法向量。

判别函数 $g(x)$ 是特征空间中某点 x 到超平面的距离的一种代数度量。线性判别函数利用超平面把特征空间分隔成两个区域。判别函数 $g(x)$ 正比于 x 点到超平面的代数距离。当 x 点在超平面的正侧时，$g(x) > 0$；当 x 点在超平面的负侧时，$g(x) < 0$。

一般地，对于任意高次判别函数 $g(x)$，都可以通过适当的变换，化为广义线性判别函数来处理，$a^{\mathrm{T}} y$ 不是 x 的线性函数，但却是 y 的线性函数。$a^{\mathrm{T}} y = 0$ 在 Y 空间确定了一个通过原点的超平面。

　　这样我们就可以利用线性判别函数的简单性来解决复杂问题。同时带来的问题是维数大大增加了，这将使问题很快陷入所谓的"维数灾难"。

　　设计线性分类器的过程实质上是寻找较好的 a 的过程。最好结果往往出现在准则函数的极值点上。这样，设计线性分类器的问题就转化为利用训练样本集寻找准则函数的极值点 a^* 的问题。常用的准则函数有 Fisher 准则函数、感知准则函数、最小错分样本数准则函数等。Fisher 线性判别方法主要解决把 d 维空间的样本投影到一条直线上，形成一维空间，即把维数压缩到一维。然而在 d 维空间分得很好的样本投影到一维空间后，可能混到一起而无法分割。但一般情况下总可以找到某个方向，使得在该方向的直线上，样本投影能分开得最好，如图 1.14 所示。

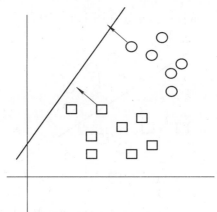

图 1.14　样本降维示意图

2. 最优分类面

　　如图 1.15 所示，方形点和圆形点代表两类样本，H 为分类线，H_1、H_2 分

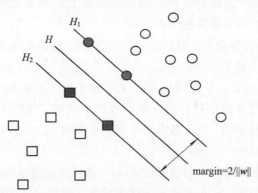

图 1.15　支持向量示意图

别为过各类中离分类线最近的样本且平行于分类线的直线，它们之间的距离叫做分类间隔。所谓最优分类线，就是要求分类线不但能将两类正确分开，而且使分类间隔最大，推广到高维空间最优分类线就变为最优分类面。设线性可分的样本集 (x_i, y_i)，$i=1, 2, \cdots, n$，$x \in R^d$，$y \in \{+1, -1\}$。d 维空间中的线性判别函数为 $g(x)=wx+b$，分类面方程为 $wx+b=0$。

我们可以对它进行归一化，使得所有样本都满足 $|g(x)| \geqslant 1$，即离分类面最近的样本满足 $|g(x)|=1$，这样分类间隔就等于 $2/|w|$。因此要求分类间隔最大，就是要求 $|w|$ 最小；而要求分类面对所有样本正确分类，就是要求满足

$$y_i[wx_i+b]-1 \geqslant 0 \quad i=1, 2, \cdots, n \tag{1.18}$$

因此，满足上述公式且使 $|w|$ 最小的分类面就是最优分类面。过两类样本中离分类面最近点，以平行于最优分类面的超平面 H_1、H_2 上的训练样本，就是使式(1.18)等号成立的样本，称为支持向量。

在线性不可分的情况下，可以在条件 $y_i[wx_i+b]-1 \geqslant 0$ 中增加一个松弛项 $\xi_i \geqslant 0$ 成为

$$y_i[wx_i+b]-1+\xi_i \geqslant 0 \tag{1.19}$$

将目标改为求最小 $\frac{1}{2}\|w\|^2+C\left(\sum_{i=1}^{n}\xi_i\right)$，即折中考虑最少错分样本和最大分类间隔，就得到了广义最优分类面。其中，$C>0$ 是一个常数，它控制对错分样本惩罚的程度。

3. 支持向量机

可将上面所得到的最优分类函数可以改写为

$$f(x) = \mathrm{sgn}\{w^* \cdot x + b^*\} = \mathrm{sgn}\left\{\sum_{i=1}^{k}a_i^* y_i(x_i x)+b^*\right\} \tag{1.20}$$

该式只包含待分类样本与训练样本中的支持向量的内积运算。可见，要解决一个特征空间中的最优线性分类问题，我们只需要知道这个空间中的内积运算即可。对非线性问题，可以通过非线性变换转化为某个高维空间中的线性问题，在变换空间求最优分类面。这种变换可能比较复杂不易实现。

根据泛函的有关理论，只要一种核函数 $K(x_i, y_i)$ 满足 Mercer 条件，它就对应某一变换空间中的内积。因此，在最优分类面中采用适当的内积函数 $K(x_i, y_i)$ 就可以实现某一非线性变换后的线性分类，而计算复杂度却没有增加，相应的分类函数也变为

$$f(x) = \mathrm{sgn}\left\{\sum_{i=1}^{k}a_i^* y_i K(x_i \cdot x)+b^*\right\} \tag{1.21}$$

这就是支持向量机方法。概括地说，支持向量机方法就是首先通过用内积函数

定义的非线性变换将输入空间变换到一个高维空间，在这个空间中求最优分类面。

支持向量机方法的特点如下：

（1）非线性映射是支持向量机方法的理论基础，支持向量机方法利用内积核函数代替向高维空间的非线性映射；

（2）对特征空间划分的最优超平面是支持向量机方法的目标，最大化分类边际的思想是支持向量机方法的核心；

（3）支持向量是支持向量机方法的训练结果，在支持向量机分类决策中起决定作用的是支持向量。

支持向量机方法是一种有坚实理论基础的新颖的小样本学习方法。它基本上不涉及概率测度及大数定律等，因此不同于现有的统计方法。支持向量机方法的最终决策函数只由少数的支持向量所确定，计算的复杂性取决于支持向量的数目，在某种意义上避免了"维数灾难"。

1.2.4　混沌理论

混沌研究的鼻祖是法国的 H. Poincare，他在研究能否从数学上证明太阳系的稳定性问题时，发现即使只有三个星体的模型，仍会产生明显的随机结果。1963 年，美国的 E. N. Lorenz 对一个完全确定的三阶常微分方程用计算机做数值计算，却得到杂乱的解。Lorenz 研究混沌的同时，发现混沌对初始条件极其敏感。一般认为，在一个完全确定的系统中出现了类似随机过程的状态，这种现象被人们称为混沌现象。但是，究竟什么是混沌，至今还没有一致的严格定义。在 1975 年《美国数学月刊》上发表的一篇短文《周期 3 蕴含着混沌》第一次引入了"混沌"的概念，该文指出，对于闭区间上的连续函数 $f(x)$，如果满足下列条件，便称它有混沌现象。

（1）f 的周期点的周期无上界。

（2）f 的定义域包含有不可数子集 S，使得

① 对于任意两点 $x, y \in S$，都不会有

$$\lim_{n \to \infty} (f^n(x) - f^n(y)) = 0$$

② 对于任意两点 $x, y \in S$ 都存在正整数列 $n_1 < n_2 < \cdots < n_k < \cdots$，使得

$$\lim_{n \to \infty} (f^{nk}(x) - f^{nk}(y)) = 0$$

③ 对于任意 $x \in S$ 和 f 的任一周期点 Y，都不会有

$$\lim_{n \to \infty} (f^n(x) - f^n(y)) = 0$$

如果 $f(x)$ 有周期 3，则上述条件便得以满足，从而指出周期 3 蕴含着混

沌。一些学者还用其他方式定义或描述混沌现象，不同的定义从不同的角度看问题，但本质上是一致的，尽管逻辑上并不一定等价。采用下面的定义更直接、更易于理解。

定义　设 V 是度量空间，映射 $f: V \rightarrow V$ 如果满足下列三个条件，便称 f 在 V 上是混沌的。

（1）对初值敏感依赖：存在 $\delta > 0$，对任意的 $\varepsilon > 0$ 和任意的 $x \in V$，在 x 的 ε 邻域内存在 y 和自然数 n，使得

$$\lim_{n \to \infty} (f^n(x) - f^n(y)) > \delta$$

（2）拓扑传递性：对 V 上的任一对开集 X、Y，存在 $k > 0$，使 $f^k(X) \bigcap Y \neq \varnothing$（如一映射具有稠轨道，则它显然是拓扑传递的）。

（3）f 的周期点集在 V 中稠密。

混沌具有以下三个基本特征：

（1）确定性系统的内在随机性。混沌现象是由系统内部的非线性因素引起的，是系统内在随机性的一种表现，不是外来随机扰动产生的不规则结果。这里非线性是相对线性而言的。线性就是两个量之间一般存在比例关系，在直角坐标系中画出的是直线，满足叠加原理，即部分之和等于整体；非线性指曲线关系，整体不等于部分之和，叠加原理失效，这是由于存在相互作用，系统中要素独立性丧失的缘故。

（2）对初始条件的敏感依赖性。对初始条件的敏感依赖性是系统出现混沌的关键因素。如果系统是混沌的，则只要初始条件有微小的变化，系统状态随时间演变的轨线就会以指数速度分离。也就是说，随着时间的推移，混沌运动将把初始条件的微小差异迅速放大。混沌运动对初值的极度敏感性表明，对混沌系统的长时期演变行为进行准确的预测是不可能的。

（3）奇异吸引子。混沌运动在相空间中的吸引子是所谓奇异吸引子，它具有复杂的拉伸、扭曲、折叠的结构。总的说来，奇异吸引子是系统总体稳定性和局部不稳定性共同作用的产物。很粗略地说，随着系统的推移，相体积不断收缩的系统称为耗散系统。一方面，耗散系统的耗散作用使运动轨道稳定地收缩到吸引子上；另一方面，局部不稳定的运动轨道将沿着某些方向指数分离。此时轨线的无穷次折叠，制造了新的几何对象——奇异吸引子。无穷次折叠使奇异吸引子具有嵌套的自相似结构和非整数的维数。

混沌现象的发现，使人们认识到客观事物的运动发展不仅仅是定常的、周期的或准周期的，而且还存在着一种具有更普遍意义的形式——混沌运动。

1.3　本章小结

本章从系统的角度研究了信息融合技术和非线性理论的基础理论，介绍了信息融合系统的融合层次、功能模型和结构模型，重点研究了典型的几种信息融合算法和非线性方法。通过上述内容的研究，可以更好地了解信息融合技术和非线性方法，从而为后续章节的学习打下理论基础。

第 2 章　煤矿瓦斯灾害预测技术研究现状

2.1　研究背景及意义

2.1.1　研究背景

煤炭是我国国民经济发展的重要支柱，长期以来，煤炭在我国一次性能源生产和消费结构中所占的比例一直在 67％以上[47]。《国务院关于促进煤炭工业健康发展的若干意见》进一步指出"在我国一次能源结构中，煤炭将长期是我国的主要能源"[48]，在今后相当长的一段时间内，煤炭在我国的一次能源结构中仍将占 50％以上。

为了适应经济发展对能源的需求，近年来我国煤炭产量逐年上升，2008 年全国煤炭总产量已达到 27.16 亿吨。与此同时，煤矿事故也频繁发生，我国煤矿安全事故不仅事故总量大，并且发生率高。据 2001 年以来的统计资料显示[49]，我国煤矿死亡人数是其他主要产煤国家死亡人数总和的 4 倍以上；百万吨死亡率等指标也远高于美国、澳大利亚等其他主要产煤国家，2004 年我国煤炭的百万吨死亡率是美国的近 100 倍、印度的 8 倍以上。同时，煤矿也是工矿企业中事故死亡人数最多的行业，2001 年以来我国煤矿安全事故统计数据详见表 2.1。近年来我国煤矿安全情况见图 2.1。

表 2.1　2001 年以来我国煤矿安全事故统计数据

年　份	2001	2002	2003	2004	2005	2006	2007	2008
事故起数	3082	4344	4243	3641	3306	2945	2421	1951
总死亡人数	5670	6995	6434	6027	5938	4746	3786	3210
瓦斯事故起数	628	634	584	483	403	327	272	182
瓦斯事故死亡人数	2421	2297	2061	1901	2154	1319	1084	778
百万吨死亡率	5.13	5.02	3.71	3.08	2.836	2.041	1.485	1.182
总产量/亿吨	11.06	13.93	17.36	19.56	21.1	23.8	25.5	27.16

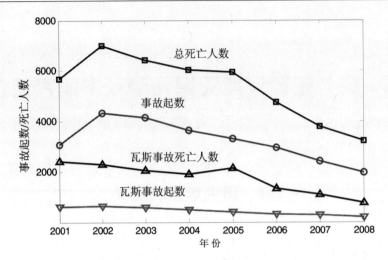

图 2.1　近年来我国煤矿安全情况

　　我国煤矿绝大多数是井工煤矿，其产量占煤炭总产量的 95％ 左右。由于我国煤炭资源赋存条件差，地质结构复杂，绝大多数矿井均为含瓦斯矿井，其中 46％ 的煤矿属高瓦斯矿井，并且煤层透气性差，开采前难以抽放，采掘时极易发生瓦斯事故[50, 51]。澳大利亚、美国等煤炭储量丰富、煤矿地质条件较好的国家，高瓦斯矿井一般采取关停措施。由于煤炭一直是我国的主要能源，并且储量有限，因此地质条件复杂、环境恶劣的煤矿，都纳入了开采范围[52]。目前全国已有不少矿井开采深度达到 600 m，进入了高瓦斯和瓦斯突出区，而且开采深度每增加 100 m，工作面温度就会升高 3～4℃，瓦斯的相对涌出量呈线性增长，引发瓦斯爆炸和煤与瓦斯突出等事故的危险性也日益增加[53]。

　　长期以来，我国煤矿事故频发，在煤矿五大自然灾害中，瓦斯事故又居于榜首。瓦斯灾害不仅造成大量人员伤亡、摧毁井巷设施、中断生产，甚至还会引起煤尘爆炸、矿井火灾、井巷垮塌等二次灾害，加重灾害的后果[54]。据国家安全生产监督管理总局的统计数据[49]：1998—2008 年，全国共发生煤矿死亡事故 35446 起，死亡 61278 人，其中瓦斯事故 5734 起，死亡 23554 人，虽然瓦斯事故起数仅占煤矿事故总数的 16.2％，但是伤亡人数却占到总伤亡人数的 38.4％；其中在一次死亡 10 人以上的事故中，全国煤矿共发生事故 621 起，死亡 13851 人，而瓦斯事故发生 437 起，死亡 9430 人，事故起数和死亡人数分别达到了 70.4％ 和 68.1％。对于一次死亡百人以上的特别重大事故，瓦斯事故所占比例便更高。建国以来，全国煤矿共发生一次死亡百人以上事故 22 起，死亡 3500 多人，其中瓦斯事故 20 起，死亡 3314 人，事故起数和死亡人数分别高达 91％ 和 95％。

　　1998—2008 年我国一次死亡 3～9 人的较大瓦斯事故和一次死亡 10 人以上的重特大瓦斯事故的事故起数和死亡人数变化趋势如图 2.2 和图 2.3 所示。从图中可以看出，瓦斯事故总体上呈下降趋势，死亡人数从 2000 年开始下降，但在 2005 年又有所回升，其主要原因是在 2005 年发生了数起死亡 100 人以上的重特大恶性瓦斯事故。从 2004 年 10 月到 2007 年 12 月，在短短三年的时间内发生了 6 起死亡百人以上的特别重大瓦斯事故，详情见表 2.2。这些重特大恶性瓦斯爆炸事故不但造成了大量的人员伤亡和重大的经济损失，而且给国家造成了严重的政治影响。

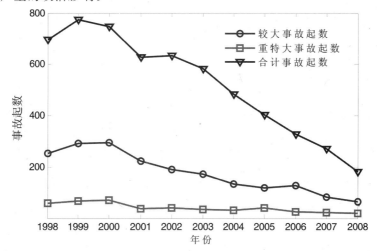

图 2.2　1998—2008 年煤矿瓦斯事故起数趋势图

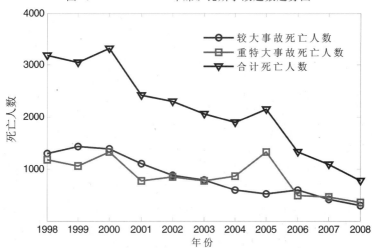

图 2.3　1998—2008 年煤矿瓦斯事故死亡人数趋势图

表 2.2　近年来一次死亡百人以上的煤矿事故

事故时间	事故煤电公司大平煤矿	事故类型	死亡人数
2004.10.20	郑洲煤电公司大平煤矿	瓦斯爆炸	148
2004.11.28	铜川矿务局陈家山煤矿	瓦斯爆	166
2005.2.14	辽宁阜新矿业集团孙家湾煤矿海州立井	瓦斯爆炸	214
2005.11.27	黑龙江龙煤集团七台河分公司东风煤矿	煤尘爆炸	171
2005.12.7	河北唐山刘官屯煤矿	瓦斯爆炸	108
2007.12.5	山西临汾洪洞县新窑煤矿	瓦斯爆炸	105

2009 年共发生死亡 10 人以上的重特大瓦斯事故 6 起，死亡 253 人；2010年共发生死亡 10 人以上的重特大瓦斯事故 11 起，死亡 220 人，其中煤与瓦斯突出事故 6 起，死亡 150 人，分别占重特大事故的 54.5% 和 68.2%。2011 年全国共发生较大以上煤与瓦斯突出事故 17 起，造成 103 人死亡。图 2.4 是我国自2001 年以来一次死亡 10 人以上特大瓦斯事故死亡人数和特大瓦斯死亡人数占特大事故死亡人数百分比统计图。由此可见，煤矿瓦斯事故在煤矿事故中占有很大的比重，特大瓦斯事故起数和死亡人数居高不下，这充分证明了煤矿突出事故的防治形势依然严峻，瓦斯的治理工作愈加艰巨和复杂。

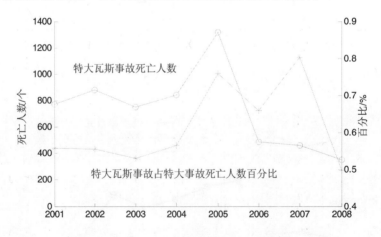

图 2.4　特大瓦斯事故死亡人数统计

瓦斯灾害事故影响面广、死亡比例高，是我国煤矿企业中危害最大自然灾害。近年来我国煤矿瓦斯灾害形势总体上呈现稳定好转的态势，但是没有在根本上得到有效的控制。因此，研究瓦斯灾害的产生、发展和突变过程，进而控制瓦斯灾害的发生对国民经济发展有极其重要的意义。

2.1.2　研究意义

瓦斯灾害同其他客观事物一样，有一个从量变到质变的过程，灾害发生前会产生一些征兆，只要捕捉到这些信息，及时采取适当措施，就能最大程度地降低灾害带来的损失，甚至避免灾害的发生。在大量煤矿瓦斯事故的调研中发现，通过对表征事故发生关联的实时和历史性数据的挖掘，其结果往往呈现明显的规律性，其特点是某些事故致因有再现性并符合一定的统计分布，而对可测量的环境表征数据的监测监控结果是判断事故灾害是否发生的重要标准[55,56]。这就是说煤矿瓦斯事故的发生有迹可寻，从井下环境监测数据中综合分析特定条件下瓦斯事故的发生是可行的。

过去限于研究手段的匮乏和研究方法的局限性，对于瓦斯事故的研究仅限于监测指标的简单分析，但瓦斯灾害是由于井下环境多相介质因持续性的生产作业产生了极为复杂的耦合作用所引起的，因此基于简单的单项监测指标的研究方法难以奏效。为了应付日益严峻的煤矿瓦斯灾害，以煤矿监测监控为核心的瓦斯灾害防治相关技术和理论也不断进步，另外随着以数据融合技术为代表的数据处理技术日臻成熟，为深入挖掘井下环境危险性与各种监测指标之间的潜在关系创造了条件。

伴随着井下的各类安全监控系统的完善，监测数据越来越多，合理地处理这些冗余、互补并可能矛盾的监测数据，对于准确地决断瓦斯灾害发生的可能性尤为重要。本课题基于瓦斯监测数据的特点，引入数据级信息融合技术，将瓦斯监测数据处理看做为多源信息融合的处理过程；利用决策级融合方法，降低多种监测指标在合成过程中的不确定性，提高对瓦斯安全状态判断的准确性。瓦斯灾害的研究对于促进煤炭企业充分利用安全监测数据、提高井下环境安全状态预测效果、减少事故灾害的发生、实现安全生产，具有重要的理论意义和工程实用价值。

2.2　煤矿瓦斯灾害的分类及危害

矿井瓦斯系矿井内以甲烷为主的有害气体的总称，其主要成分甲烷是一种无色、无味、无毒，但可以燃烧和爆炸的气体。瓦斯是煤的伴生物，通常以吸附和游离两种状态存在于煤体及周围岩层之中，在一定条件下会相互转化。

在煤层的开采过程中会造成地应力的变化，破坏煤体中瓦斯的动态平衡，使得瓦斯逸散出来，在井下积累造成井下瓦斯浓度的增加。瓦斯通常以涌出的形式排放出来，在一定的条件下，还可能以喷出或突出的形式突然释放，发生煤与瓦斯突出的现象，而且瓦斯进入采掘空间后，在条件具备时还会发生瓦斯爆炸，造成重大的人员伤亡事故。

2.2.1 瓦斯灾害的分类

1. 瓦斯爆炸

瓦斯爆炸必须具备三个条件：① 空气中的氧气含量大于 12%；② 有足以引爆瓦斯的火源或能量；③ 瓦斯浓度处于爆炸界限之内（5%～16%）。

在井下生产环境中，除了盲巷和旧区外，大多数地点的氧气浓度都在 12% 以上（《规程》规定，采掘工作面进风流中的氧气浓度不得低于 20%[57]），都能满足瓦斯爆炸对氧气浓度的要求。一般来说，瓦斯爆炸的引火温度为 650～750℃，但瓦斯爆炸的引火温度也并不是固定不变的，它受到很多因素的影响而可能发生变化。在一定室温条件下，火源的表面积越大、存在时间越长，越容易引起爆炸；反之，即使火源温度很高，但若存在时间非常短，也不能使瓦斯爆炸。井下能够引起瓦斯爆炸的火源较多，如明火、烟火、施焊、电气火花、爆破火焰、炽热的金属表面、摩擦或撞击产生的火花等，都足以引爆瓦斯。

瓦斯爆炸的浓度要求可以用图 2.5 所示的爆炸三角形表示。甲区是不可能出现的区域；乙区的瓦斯浓度较低，参加化学反应的瓦斯量较少，不能形成热

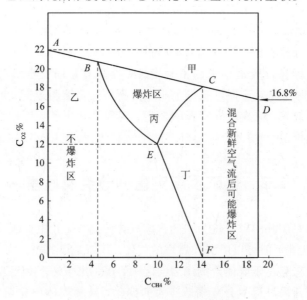

图 2.5　瓦斯—混合气体爆炸界限

量积聚，遇到引爆火源也不会发生爆炸，但可以助长已经燃烧的火焰；丙区为遇火就爆炸的区域；丁区是瓦斯过多而氧气不足的区域。从图 2.5 可以看出，如果井下瓦斯浓度低于爆炸界限 5%，即使存在引爆火源，也不会发生瓦斯爆炸[58]。由此可见，瓦斯浓度是爆炸三要素中最容易控制的因素，也是防治瓦斯爆炸最根本的方法。

2. 煤与瓦斯突出

煤与瓦斯突出是指在采掘过程中，含有瓦斯的煤体在压力作用下，破碎的煤和解吸的瓦斯从煤体内部突然向采掘空间大量喷出的一种动力现象。煤与瓦斯突出具有突发性，且破坏性极大，可以在较短的时间内（数十秒至数分钟）产生很大的冲击力量，破坏工作面煤壁。

发生煤与瓦斯突出时，在煤体中形成特殊形状的孔洞，并伴有动力效应和响声，能对井下巷道、设备、设施、生产系统造成破坏，甚至引起火灾和瓦斯爆炸。特大型突出粉煤可以填充数百米长的巷道，而喷出的粉煤流有时带有暴风般的性质。

3. 瓦斯喷出

瓦斯喷出是指在煤矿井下的采掘过程中，大量瓦斯在压力状态下，从岩石或煤层的裂隙、孔洞中集中涌出的现象。一般在瓦斯喷出前会产生一些明显的预兆，如煤层变软、湿润、顶板来压、支架断裂等现象。造成喷出的原因是存在高压瓦斯源，采掘巷道接近这些地点时，高压瓦斯大量释放，喷出量可达数万立方米到几百万立方米，并持续一定时间，喷出时间可从几分钟到几年。瓦斯喷出可以发生在各类巷道，如井筒、石门、准备巷道、回采工作面以及钻孔中，它的危险性在于其突然性。

按不同生成类型，瓦斯喷出源可分为两种：地质生成瓦斯源和生产生成瓦斯源。地质生成指瓦斯来源于成煤地质过程中，大量瓦斯积聚在地质的裂隙和空洞内，当揭露这些地层时，瓦斯就从其中涌出，形成瓦斯喷出；生产生成是指因开采松动卸压的影响，使邻近煤层大量解吸瓦斯，当聚积达到一定能量时冲破层间岩石向回采巷道喷出。

4. 瓦斯燃烧

瓦斯在空气中的浓度小于 5% 时，遇明火可以燃烧，由于没有足够的燃烧热量向外传播，所以不会发生瓦斯爆炸。当空气中的瓦斯浓度大于 16% 时，由于混合气体中的氧气含量不足，不具有爆炸性，但遇到新鲜空气时，瓦斯可在二者的接触面上燃烧。瓦斯燃烧能引起矿井火灾，甚至可能转化为瓦斯爆炸。从广义上说，瓦斯燃烧可看做是一种反应速度较慢、威力较小的瓦斯爆炸。

2.2.2　矿井瓦斯的危害

瓦斯灾害对工人健康和生命以及矿井安全构成了严重威胁，是煤矿五大自然灾害之首。瓦斯的危害主要表现在以下四个方面。

1. 瓦斯爆炸酿成重大灾祸

瓦斯爆炸产生的冲击波超压对附近人员造成冲击伤害，爆炸产生的高温火焰能造成人员烧伤。当井巷中聚集足够量且具有爆炸危险的煤尘时，冲击波扬起煤尘，引起煤尘爆炸，爆炸威力骤然增强，严重时会波及整个矿井。发生瓦斯爆炸时井下气体迅速膨胀，有限空间内的气压迅速增加，高温高压气体形成强大的冲击波，通风、生产设备在冲击波的作用下会受到不同程度的损害，甚至造成巷道垮塌和整个通风系统瘫痪。此外煤尘燃烧反应不完全时会产生大量 CO，致使井下作业人员中毒死亡。瓦斯爆炸伤亡人数在我国煤矿伤亡事故中占居首位，其中掘进工作面发生瓦斯爆炸事故的次数最多。

2. 瓦斯局部聚集影响矿井生产

为了确保矿井安全生产和作业人员的安全，井下所有巷道和各作业场所的瓦斯浓度都有严格的限定。然而，瓦斯矿井特别是高瓦斯矿井，在生产过程中发生瓦斯超过规定的现象是难以避免的。随着煤矿机械化程度的提高，原煤产量大幅增加，致使矿井瓦斯涌出量不断增大；同时矿井开采深度的日益增加，也逐渐增大了开采过程中的瓦斯涌出量；加之一些矿井通风能力的技术改造未能同步实施，从而导致瓦斯超限干扰矿井的正常生产。

3. 瓦斯浓度超限致人窒息死亡

煤矿井下开采需要连续不断地从地面向地下所有巷道和作业地点输送新鲜空气，以供给作业人员呼吸。但随着煤炭开采从煤岩层中涌出的大量瓦斯使空气中瓦斯含量增大，瓦斯可以冲淡空气中的氧气浓度。当瓦斯浓度达到43%时，氧气浓度就会被冲淡到12%，人的呼吸会感到非常急促；当瓦斯浓度达到57%时，氧气浓度会降到9%，若有人误入其中，短时间内就会因缺氧窒息而死。

4. 瓦斯突出或喷出事故

矿井瓦斯的另一个危害表现在它的异常涌出，即瓦斯喷出或煤与瓦斯突出。发生瓦斯喷出或煤与瓦斯突出现象时，大量高浓度的瓦斯突然涌向采掘空间，特别是煤与瓦斯突出还伴有强大的冲击波，不仅会造成现场作业人员窒息死亡，还可能引起瓦斯爆炸重大事故。1981年10月16日在日本夕张煤矿发生煤与瓦斯突出，突出煤量4000 m³、瓦斯600 000 m³，10小时后又发生瓦斯爆炸，造成 93 人死亡，矿井被迫关闭。

2.3　国内技术研究现状

2.3.1　瓦斯预测技术研究现状

煤矿瓦斯涌出是一个包含多因素的复杂系统，受时间、空间、煤层赋存条件、瓦斯地质条件和开采技术条件等因素共同影响。矿井及采掘工作面的瓦斯涌出所具有的不均衡性和多变性，也给采掘生产的日常瓦斯管理和瓦斯防治带来极大的困难，严重威胁着矿井的安全生产，并诱发一系列瓦斯事故。前苏联、英国、德国、法国、波兰等几个瓦斯危害较为严重的国家，多年以前就开始了瓦斯预测技术的研究，形成了适合各自国家煤层地质条件的矿井瓦斯预测方法。

在美国，1964 年 Lindine 总结了残余瓦斯含量与深度之间的非线性关系，提出了世界上第一个预测瓦斯涌出量的经验模型[59]；1968 年 Airey 从理论上推导出预测采煤工作面瓦斯涌出量的偏微分方程[60]。

前苏联是世界上最早系统研究矿井瓦斯预测技术的国家，20 世纪 80 年代初制定了一系列的矿井瓦斯涌出量预测方法，并在 90 年代初制定了针对不同类型矿井及煤层赋存与生产条件的瓦斯涌出量预测规范。前苏联在预测瓦斯时，不但预测煤层瓦斯含量和涌出量，而且还预测煤层瓦斯分区分带特性，并且对矿井中长期瓦斯涌出态势做出评价[61]。

德国提出的采掘工作面时空序列瓦斯动态预测法，可以根据开采技术条件和赋存条件的变化超前、准确地预测采掘工作面瓦斯的涌出变化，可根据预测结果及时调整工作面的风量并采取合理的瓦斯处理技术措施[62]；90 年代中期，英国、南非等国基于采掘工作面瓦斯的非稳定涌出特性，研究并提出了矿井瓦斯动态预测技术[63]。

长期以来，我国煤矿一直采用矿山统计法、分源预测法、瓦斯梯度法、煤层瓦斯含量法和瓦斯地质模型法来预测矿井瓦斯涌出的变化[47]。矿山统计法是一种根据不同已采水平获得的大量相对瓦斯涌出量实测数据与开采深度的数据，按统计规律预测深部水平瓦斯涌出量的方法[64]；分源预测法按照矿井生产过程中瓦斯涌出源的多少、涌出源瓦斯涌出量的大小来预测矿井、采区、采煤工作面等场所的瓦斯涌出量[65]；煤层瓦斯含量法按照煤层瓦斯含量与采后煤炭的残余瓦斯含量计算相对瓦斯涌出量的一个预测方法；瓦斯地质数学模型法利用已采区域瓦斯涌出实测资料，筛选出影响涌出量变化的主要因素，最后建立预测瓦斯涌出量的多变量数学模型[66]。

矿井瓦斯涌出受到多种因素的影响，并且这些因素之间存在的非线性关系错综复杂，对矿井瓦斯涌出预测造成了极大的困难。国内许多专家学者结合我国煤矿的实际情况，将灰色理论、神经网络等新方法引入瓦斯涌出量预测领域，并取得了一定的成果。曾勇将分形理论、模糊控制理论和神经网络有机地结合在一起，以BP神经网络对相关因素之间的非线性关系为基础，提出了基于模糊分形神经网络的矿井瓦斯涌出量预测模型[67]。伍爱友以灰色关联分析和残差辨识为基础，建立了以相对瓦斯涌出量预测为目的的灰色理论模型，应用该模型对某矿历年来相对瓦斯涌出量进行灰色建模，并由后验差方法检验了结果可靠性[68]。黄为勇使用支持向量机方法对由双曲线回归、指数回归和灰色预测三种单项瓦斯预测模型的预测结果进行非线性组合，其预测精度优于各单项预测结果[69]。

除了瓦斯涌出量预测技术，近年来还出现了一批以瓦斯浓度为基础的预测方法。刘祖德将模糊模式识别技术引入到基于监测数据的趋势预测中，分析了正常模式和异常模式下瓦斯监测曲线的特征，通过将实时监测数据与提取特征相比较，分析瓦斯变化的原因[70]。程健利用短期内混沌时间序列可以预测的特点，分别采用最小互信息法和伪近邻法重构煤矿瓦斯浓度相空间，在重构空间中应用加权一阶局域法实现了煤矿瓦斯浓度的短期预测[71]。邵良杉基于粗糙集理论的数据挖掘方法对煤矿瓦斯灾害进行预测，建立了煤矿瓦斯灾害的预测模型，并利用信息熵准则来弥补粗糙集约简方法中存在的不足[72]。付贵祥等人利用自适应加权和贝叶斯估计方法处理采集的数据，利用D−S证据理论解决瓦斯预测过程中产生的不确定性问题，实现了对瓦斯状态信息的在线整合，提高了煤矿瓦斯预测预报的准确性[73]。

近年来，虽然煤矿瓦斯预测技术迅速发展，各类预测方法从不同角度对瓦斯灾害的防治做出了积极的探索，并在实际应用中取得了一定的成果，但是仍旧存在一些不足：

（1）上述各种预测方法对监测数据的预处理方面论述较少，通过监控系统获得的数据是一般是不完整的、有噪声的和不一致的，对这些数据直接使用不仅会增加瓦斯预测所付出的代价，而且会降低预测结果的准确性。

（2）井下瓦斯灾害事故是由多种影响因素共同作用而引起的，目前提出的各类预测方法基本上是基于瓦斯浓度这一种监测指标，因而预测方法具有片面性，不能有效地反映井下环境状态变化的趋势。

（3）虽然灰色理论、神经网络等非线性理论在处理瓦斯涌出预测时更接近实际情况，然而在建立模型时需要人工设置一些参数，构建的模型具有较强的主观性强。此外，影响瓦斯涌出的因素众多且相互作用，单一的预测方法可能在某些情况下误差较大，难以应用于实际的工程实践。

2.3.2　煤与瓦斯突出预测技术研究现状

煤与瓦斯突出预测是指在煤田勘探、开拓和采掘过去中，采用各种方法对煤层突出危险性进行的评估工作。煤与瓦斯突出呈区域分布，在突出煤田开采时仅有个别区域具有突出危险性，这是突出预测的基础。突出预测的任务是预先确定突出危险区域及其突出危险程度。

按预测范围和时间的不同，国外将预测方法分为三类：第一类是区域性预测，它主要是确定煤田、井田、煤层和采掘区域的突出危险性；第二类是局部预测，它是在区域性的基础上，根据钻探、采掘工程等资料，进一步对局部地区或地点的突出危险性做出判断；第三类是日常预测，它是在区域性预测、局部预测的基础上，根据突出预兆的各种异常效应（如声、电、磁、震、热等），对突出危险发出警报。

我国将煤层突出危险性预测分为区域突出危险性预测和工作面突出危险性预测。前者主要预测煤层和煤层区域（包括井田、新水平和新采区）的突出危险性，后者则主要预测工作面（包括石门揭煤工作面、煤巷掘进工作面和回采工作面）煤体的突出危险性。

统计分析表明，煤巷掘进时期发生的煤与瓦斯突出次数占在矿井总突出次数的首位，因此煤巷掘进工作面又是突出预测的重点[74]。煤巷掘进工作面突出危险预测技术主要分为两大类：静态预测（点预测）和动态预测（连续预测）。

1. 静态预测

静态预测的根据就是含瓦斯煤体性质及其赋存条件的某些量化指标。这些指标主要包括瓦斯指标、煤层性质指标、地应力指标或它们的综合指标，预测则是考察其中的单个或同时多个指标是否超过临界值。具体来说，目前煤巷掘进工作面突出危险预测较多采用的有钻孔瓦斯涌出初速度法、钻孔瓦斯涌出初速度结合钻屑量综合指标（R 值）法、最大钻屑量 S_{max} 和钻屑解吸指标 K_1 法、最大钻屑量 S_{max} 和钻屑解吸指标 Δh_2 法等。

1) 钻孔瓦斯涌出初速度法

钻孔瓦斯涌出初速度综合了煤层的破坏程度、瓦斯压力和瓦斯含量、煤体的应力状态及透气性。钻孔瓦斯涌出初速度法可结合钻孔瓦斯涌出衰减系数，提高预测的可靠性。钻孔瓦斯涌出初速度法的最大缺点是预测钻孔长度太短、预测次数太多，为此我国的一些矿井，已将预测钻孔长度增至 $6\sim10$ m，封孔后测量室长度仍为 0.5 m，依据分段测量结果进行预测。

煤炭科学研究总院重庆分院（以下简称重庆煤科）根据在南桐矿务局红岩煤矿和淮南矿务局潘一矿、潘三矿、谢一矿等煤矿的现场实验，提出采用钻孔瓦斯涌出衰减系数作为辅助预测指标，可提高预测可靠性。钻孔瓦斯涌出衰减系数的临界值 $\alpha\leqslant0.65$，只有钻孔瓦斯涌出初速度 q_H 值和 α 值同时达到危险临界值才能判断有突出危险，见表 2.3。

表 2.3　煤巷钻孔瓦斯涌出初速度法临界值

$q_H/(\text{L/min})$	$\alpha=q_5/q_H$	突出危险性
$q_H<q_{Hk}$	$A>\alpha_k$	无突出危险
$q_H\geqslant q_{Hk}$	$A\leqslant\alpha_k$	有突出危险

2）钻孔瓦斯涌出初速度结合钻屑量综合指标（R 值）法

R 指标法是前苏联东方煤研所 1969 年提出的，1970—1974 年在库兹巴斯、沃尔库特和帕尔占斯克等煤田进行了工业试验。该方法是根据沿钻孔探测出的最大瓦斯涌出初速度和最大钻屑量计算综合指标 R 值，与突出危险性的临界指标 R_m 比较，当任何一个钻孔中的 $R\geqslant R_m$ 时，该工作面预测为突出危险工作面。

综合指标 R 值为

$$R=(S_{max}-1.8)(i_{max}-4)$$

式中，S_{max} 表示每个钻孔沿孔深最大钻屑量；i_{max} 表示每个钻孔沿孔深最大瓦斯涌出初速度。

该预测方法综合考虑了决定突出危险的主要因素。其中，钻屑量主要考虑煤层的强度性质和应力状态，而瓦斯涌出初速度则主要考虑瓦斯因素。

3）最大钻屑量 S_{max} 和钻屑解吸指标 K_1 法

最大钻屑量 S_{max} 和钻屑解吸指标 K_1 法是根据每个钻孔沿孔深每米的最大钻屑量 S_{max} 和钻屑解吸指标 K_1 是否超过临界值来判别有无突出危险工作面，如果指标等于或大于临界值，则该掘进工作面预测为突出工作面，反之为无突出危险工作面。

钻孔的钻屑量 S 计算如下：

$$S=S_1+S_2+S_3$$

式中，S_1 表示根据钻孔直径计算的钻屑量；S_2 表示由于瓦斯能量释放造成的钻屑量；S_3 表示由于地压能量释放造成的钻屑量。

钻屑解吸指标 K_1 由重庆煤科院提出的，选用了计算较为方便的直线方程进行计算：

$$Q = K_1 t^{\frac{1}{2}} - W$$

式中，W 表示煤样自煤体暴露到大气中 t 时间内的瓦斯解吸量；t 表示煤样暴露的总时间。K_1 值的大小与煤层中瓦斯含量有关，也与煤的破坏类型有关，可以较好地反映煤层的突出危险性。钻屑解吸指标的临界值应根据现场实测数据确定。

4）最大钻屑量 S_{max} 和钻屑解吸指标 Δh_2 法

用最大钻屑量 S_{max} 和钻屑解吸指标 Δh_2 预测煤巷掘进工作面的突出危险性，同时考虑了工作面的应力状态、物理力学性质和瓦斯含量。该技术适用于煤巷突出危险性预测，要求作业地点有足够的风压和风量。

5）钻屑量法和钻屑倍率法

钻屑量被认为是反映地应力大小的一个有效指标，首先由德国学者 Noack 等人提出并得到了广泛的应用。在我国，煤炭科学研究总院抚顺研究所对北票等局矿及 17 个石门进行了钻屑量测量。初步结果表明，钻屑倍率 n 可作为突出预测指标，当 $n>4$ 时有突出危险。煤炭科学研究总院重庆分院在南桐和梅田对煤巷进行了试验，认为钻粉量为正常量的 3 倍时最易倾出或压出，如果瓦斯压力大就会发生较大的突出。

2. 动态预测

预测和防治突出技术措施在实践中取得了较好的效果，但是近年来的许多突出事例都是在采取了综合防突体系后发生的；而且这些防突技术措施都用到接触式钻孔法，都需要在工作面前方打钻测定突出预测指标。目前应用的防突措施，无论是超前钻孔，还是松动爆破，措施工程量很大，而应用最为广泛的超前钻孔措施，执行一次措施至少要进行两到三天，个别突出矿井甚至要用一周的时间，这必然严重制约掘进速度。由于煤层或煤体及其内部所含的瓦斯并不均匀分布，煤体也随着开采处于动态变化中，在钻孔附近取得的预测结果仅仅是局部的，预测时刻取得的结果也只是静态的，并不能完全代表整个预测步长范围内及煤体稳定前整个时期内的突出危险性。因此，动态连续预测的研究正日益引起人们的重视。

1）声发射技术

煤和岩石内部存在大量的裂隙等缺陷，煤岩变形及破坏的结果就是裂隙的产生、扩展、汇合贯通。研究表明，裂隙的产生和扩展都将以弹性波的形式产生能量辐射，这就是声发射[75]。声发射技术可以对破裂源进行定位。早在 20 世纪 40 年代初，美国就利用声发射技术监测金属矿井的岩爆。随着计算机技术的应用，该项技术在矿井中的应用更加广泛。近年来，加拿大的研究人员研究了多种声发射监测系统，用于岩爆预测。法国的研究人员也做了很多这方面的研究工作。前苏联的顿巴斯煤田对声发射用于煤与瓦斯突出预测进行了较多研究工作，早在 1974 年，突出严重的中央区已有 121 个工作面采用了这项技术。前苏联用记录噪声脉冲数的方法预报煤与瓦斯突出并在顿巴斯煤田进行了推广应用。我国的研究起步较晚，在现场应用也较少。平顶山矿务局从俄罗斯引进了声发射监测系统，并用于煤与瓦斯突出预报试验研究。

我国重庆煤科分院生产了声发射监测系统，"九五"攻关期间在平顶山矿区进行了应用。石显鑫等人研究认为，声发射的总事件、大事件和能量参数能较好地反映声发射活动的特征，总事件的频繁增多、大事件的急剧增加，是判别突出的预兆[76]。王恩元在实验室研究发现，尽管煤岩体破裂时的声发射信号非常丰富，但在煤岩体的破坏过程中是阵发性的，表明了煤岩体的变形破坏过程不是连续的，而是阵发性的、不均匀的，因而在进行煤与瓦斯突出预报时需进行连续监测[77]。

声发射技术用于矿井已有几十年的历史，其在岩爆监测方面已取得一些成果，尽管很多人认为声发射突出预测系统是一种很有发展前途的预测方法，各国都投入了大量的人力物力进行了广泛的研究，但目前其突出预测的可靠程度与生产实际的需要还有差距。随着大容量、高速度计算机系统的引入和声接收技术的发展，用声发射技术进行突出预测可望获得突破。

2）瓦斯涌出动态指标

根据瓦斯涌出量预测突出的思路和德国学者提出的 V_{30} 指标有关。V_{30} 是掘进工作面放炮后 30 min 内的瓦斯涌出量与落煤量的比值。德国使用的临界值是 40% 的可解吸瓦斯含量，如果 V_{30} 值达到崩落煤可解析瓦斯量的 40%，则说明存在突出可能性；如果达到 60%，则表示有突出危险。抚顺煤科分院对我国北票局的初步研究表明，其突出临界值为 9 m^3/t。重庆煤科分院在芙蓉矿务局白皎煤矿的试验研究表明，当 $V_{30} \geqslant 9$ m^3/t 或瓦斯涌出变动系数 $K_V \geqslant 0.7$ 时，在工作面前方 2～5 m 范围内有突出危险[78]。涟邵矿务局洪山煤矿利用 A-1 矿井环境监测系统对炮掘工作面放炮前后瓦斯涌出进行了连续监测，分析认为，当 $V_{30} \geqslant 9$ m^3/t 或放炮以外的其他作业过程中瓦斯涌出量增减幅度 $Q \geqslant 0.21$ m^3/min 时，工作面前方不远有突出险。目前，已采用电子计算机求 V_{30} 值，爆破后风流中瓦斯浓度曲线的下降段可用幂函数描述。根据放炮后前 10 min 的瓦斯浓度、涌出量及崩落煤量，即可算出 V_{30} 值，偏差不超过 10%。

实际上，真正的瓦斯涌出动态预测突出技术应该是根据环境监测系统连续监测得到的瓦斯动态涌出和煤与瓦斯突出的关系来进行突出判识的技术，国家

"十五"科技攻关计划也将瓦斯动态涌出判识突出的技术列入了研究内容。

3）电磁辐射监测技术

煤岩体同其他固体材料一样，都是由成千上万的电子、原子等基本粒子组成的。当煤岩体受载变形破裂时，电子等带电粒子变速运动就会向外辐射电磁波，这就是电磁辐射现象。我国和前苏联是较早开展此研究的国家，日本、希腊、美国、瑞典、德国等国也开展了这方面的研究。

中国矿业大学经过十多年时间对受载煤岩体及瓦斯解吸流动等情况下的电磁辐射进行了较为深入的研究[79−81]，结果表明受载煤岩的变形破裂过程中，电磁辐射信号基本呈逐渐增强的趋势，这对于预测预报煤岩动力灾害现象具有重要意义。他们还开发了 KBD5 型煤与瓦斯突出电磁辐射监测系统，并在我国二十多个矿井进行了煤与瓦斯突出、冲击矿压的试验及推广。结果显示利用电磁辐射特征来监测工作面易突出煤层的应力状态是可行的，该电磁辐射监测系统进行预测的指标是电磁辐射强度和脉冲数两个指标，这大大提高了预测准确率。

俄罗斯学者 Frid 在现场研究了煤的物理力学状态（水分含量、孔结构等）、受力状态瓦斯对工作面电磁辐射强度的影响[82]。Frid 还认为岩石和瓦斯突出灾害的增加改变了采矿工作面附近岩石的不同地球物理参数，可以依靠岩石破裂产生的电磁辐射方法进行岩石与瓦斯突出预测，并研究了不同矿井条件下电磁辐射的特征，显示了岩石与瓦斯突出灾害的形成和电磁辐射出现的异常之间的关系。

4）根据煤层温度状况预测突出的危险性

利用温度状况预测突出危险性的理论根据是：瓦斯解吸时吸热，导致煤层温度降低。温度降低越多，说明煤层瓦斯解吸能力越强，则突出危险性越大。实践表明，煤层瓦斯含量越高，这一效应越明显。换句话说，采掘工作引起工作面前方煤体中应力变化，导致瓦斯存在状况变化，当压力降低时吸附瓦斯解吸为游离瓦斯，吸收周围煤体的热量，因而煤体温度降低。煤温降低多少，反映了煤中瓦斯含量大小与应力状态的变化情况。实践还表明，凡是煤温突然大幅度降低，就预示着工作面附近有较大的地质构造（煤层突然变厚、变薄、倾角突变等），有发生突出的可能性[83]。有两种测温方法来评价煤层的突出危险性：① 测量从每段炮眼采集的钻屑的温度；② 测量工作面新暴露面的温度。

2.3.3 煤与瓦斯突出预测技术的新发展

发生煤与瓦斯突出的内在机理极为复杂，特别是突出的影响因素与突出发生事件之间的相关性分析存在不精确性和模糊性，基于数学建模与统计预测方法与基于经验的传统预测技术已受到了极大的限制。目前，一些先进的理论方法如计算机模拟、模糊数学理论、灰色系统理论、专家系统、分形理论与非线性理论、流变与突变理论等已开始应用于煤与瓦斯突出的定量评价与分析中，并取得了一些有用的研究成果。

随着数学方法和计算机技术的发展，原有的预测方法和应用范围得到了拓展，出现了一些新的或进一步优化的预测方法，如：张剑英等人（2007）提出了 ANFIS 的煤矿瓦斯浓度预测方法研究[84]；桂祥友等人（2006）和郭德勇等人（2007）提出了灰色系统理论与模糊聚类的煤与瓦斯突出预测研究[85，86]；谭云亮等人（2007）提出了小波基神经网络的煤与瓦斯突出预测方法研究[87]；张子戌等人（2007）提出了模糊聚类与模糊模式识别的突出预测[88]；王其军等人（2008）提出了基于免疫神经网络模型的瓦斯浓度智能预测等[89]。

2.4　组　织　结　构

第 1 章作为本书的理论基础，首先介绍了信息融合技术的基本概念、融合结构和层次，分析了多传感器信息融合技术的优点，研究了与后续瓦斯预测相关的数据级融合和决策级融合技术，对其相关理论和算法做了详细介绍，并分析了这些算法的优缺点，为构造合理的瓦斯预测融合模型提供了理论基础。

第 2 章为研究绪论，首先介绍了我国煤矿所面临的严峻安全形势，明确了进行瓦斯预测技术研究的意义，分析了瓦斯灾害的类型与危害，阐述了当前国内外瓦斯预测技术的研究现状，分析了其中存在的缺点和不足，最后提出了本课题的研究方向。

第 3 章研究了瓦斯监测数据的预处理技术。瓦斯监测数据预处理主要是指瓦斯缺失数据的填充，根据瓦斯缺失数据的特性提出了一种基于自相关分析与灰插值相结合的自相关灰插值算法，通过仿真实验验证了该算法的有效性。

第 4 章研究了同类多传感器瓦斯监测数据的数据级融合。综合多传感器的监测结果是提高监测准确性的一种方法，针对多传感器采集的同一参数监测数据，提出了一种基于改进分批估计算法的多传感器融合方法，实验结果表明改进的分批估计融合算法更准确可靠。

第 5 章首先概述了目前常用的几种异常检测方法，分析了这些方法的缺点与不足，提出了一种基于 GMAR 模型的在线瓦斯异常检测方法。GMAR 模型以煤矿瓦斯监控系统所采集的瓦斯数据为基础，利用灰色预测模型预测下一时刻的监测值，将预测值与参考滑动窗口之间的残差比作为决策函数。应用结果表明，对于异常数据，该模型能够较为明显地检测出异常特征；而对于正常数据，模型也能较好地反映其非异常性。

第 6 章研究了基于信息融合技术的井下环境危险性预测与评价。首先对影响井下瓦斯安全的瓦斯监测参数进行特征提取，选择瓦斯浓度、温度、风速、CO 浓度、粉尘作为融合评价的决策因素，分别应用灰色关联分析、动态模糊评价和模糊神经网络方法对井下环境危险等级进行判断和决策。灰色关联分析和动态模糊评价首先需要建立安全评价的等级标准，根据被测样本与标准等级样本的"距离"判断该样本的安全等级，可以完成孤立样本的安全评价；模糊神经网络方法以先验样本为基础进行模糊神经网络的训练，利用训练的网络评价被测样本的安全等级，模糊神经网络以自身或相近条件的矿井数据为参考对象，因此具有较高的准确性。

第 7 章以灰色理论为基础，结合含瓦斯煤样破坏失稳过程中的声发射特征，建立了以声发射特征为基础数据的含瓦斯煤样破坏失稳的灰色—突变判断模型，并验证了算法的有效性。

第 8 章结束语，总结了本书完成的所有工作，并对本书的下一步工作进行了展望。

2.5　本 章 小 结

本章分析了近年来我国煤矿的安全形势，总结了我国煤矿事故发生率居高不下的原因，指出了研究煤矿瓦斯灾害研究的意义。另外，还研究了瓦斯灾害的分类及其危害，分析了瓦斯灾害与井下环境参数间的规律性，探索了通过瓦斯及其相关监测数据内在规律性研究进行瓦斯事故预测的新思路。

第 3 章　瓦斯数据预处理算法研究

　　提高煤矿瓦斯的监测水平已经成为防止瓦斯灾害发生的一种有效手段。目前我国采用的瓦斯监测技术虽然取得了一定的发展，但还存在着一些关键技术问题迫切需要解决。例如，在监测的硬件设施方面，我国井下瓦斯监测传感器主要采用载体催化技术，相比国外普遍采用的半导体激光气体测量技术，其监测的可靠性较差，技术装备水平落后，与国外先进水平差距较大。

　　在矿井瓦斯监测系统中，由于监测传感器自身性能上的缺陷，以及井下恶劣环境的影响，常常会造成因传感器失效或者传输线路故障而未采集到相应的数据，造成监测数据的缺失。如果不对缺失数据进行处理，将直接影响后续数据融合的处理精度，甚至造成融合结果的错误。因此对监测数据进行融合处理之前，需要采取一定的措施对原始数据进行预处理。

　　此外，随着瓦斯监测手段的多元化，监测到的瓦斯数据越来越多，也越来越复杂，这些数据之间可能存在冗余、互补，也可能相互矛盾。传统的在多源监测数据与瓦斯灾害危险度之间建立映射关系的方法已不能满足实时瓦斯检测的需要，同时监测环境的复杂性以及传感器的不精确性，使得监测数据具有模糊性、不精确性、不确定性。因此，需要从一个全新的角度，对多源瓦斯监测数据进行处理。

　　在煤矿监测系统中，由于传感器测量精度的限制以及环境干扰的影响，使得测量数据常常与实际值有所偏差。更为严重的是，在井下众多有害气体的侵蚀下，一些传感器会因"中毒"而失去检测能力。为了解决这些问题，传统的方法是通过单传感器多次测量或多个传感器测量数据取平均值的方法，这样虽然能提高测控系统传感器测量的可靠性，但不能满足检测的实时性要求，测量结果仍会受到不准确测量数据的影响。目前流行的多传感器信息融合技术为这类问题提供了较好的解决方法[90]。本章结合灰色系统理论和时间序列理论处理数据序列的优点，提出了一种基于自相关分析与灰插值相结合的自相关灰插值算法，用于缺失监测数据的预处理。

3.1　煤矿瓦斯信息监测技术研究

3.1.1　瓦斯检测技术分类

煤矿常用的瓦斯检测仪器，按检测原理可分为载体催化型、光干涉型、热导型、气敏半导体型、红外型和激光型。实际应用中，可根据使用场所、测量范围等不同要求，选择适用的检测技术[91]。

1. 载体催化检测技术

载体催化检测技术的原理是：甲烷和氧气在载体催化元件表面反应，释放反应热，使元件温度上升，元件温度的升高引起其电阻的增加，通过测量电阻增量就可以测定甲烷浓度。载体催化元件由一个对甲烷反应的元件（检测元件）和一个对甲烷不反应的元件（补偿元件）构成，其里层是铂丝螺旋圈，铂丝螺旋圈外由氧化铝包裹，在氧化铝上负载催化剂。铂丝螺旋圈用于通电加热催化元件，维持甲烷催化燃烧反应所的需温度，同时又兼作感温元件，监测在催化反应中催化元件温度的变化[92,93]。

载体催化检测是一种主动式测量技术，适用于低瓦斯浓度环境。该类仪器的优点是稳定性较好、成本低、功耗小、测量误差小、便于使用并且信号输出易于处理；其缺点是测量范围小、易受高浓度瓦斯和硫化物的中毒以及存在零点漂移问题，并且抗高瓦斯冲击的性能差、调校周期短。

2. 光干涉检测技术

光干涉检测技术是利用光速在待测气体的折射与空气的折射不同的原理研制的。当波长相同的两束光相遇时产生波峰增长和抵消的现象，波峰增长时形成亮条纹，波峰抵消时形成暗条纹。由同一光源发出的两束光分别经过充有空气的参比气室和充有待测气体的测量气室后，两束光再次相遇时将产生干涉条纹。干涉条纹的位置随待测气体中的瓦斯浓度的不同而变化，根据干涉条纹的位置即可测定瓦斯浓度。利用光干涉原理可以测定多种气体浓度，在煤矿中主要用于测量甲烷和二氧化碳[94,95]。

光干涉检测技术已在煤矿中使用了半个多世纪，曾经在日本、前苏联、德国及我国得到了广泛的使用。该检测技术适用于各种瓦斯浓度环境，与催化型原理相比，光干涉型仪器不存在"激活"影响或高浓度瓦斯冲击及中毒问题，使用寿命长，并且采用压力法校准，无须标注氧气，便于现场使用；其缺点为体积大、成本高、易受温度与气压影响而产生误差等。

3. 热导检测技术

热导检测的原理是利用测量甲烷与空气的热导率的差异，得到与甲烷浓度相关的电信号，从而确定甲烷浓度。用热导率原理做成的热导型检测装置结构比较简单，主要部分是一个电桥，电桥由两个材质、几何形状及电参数相同的元件构成，将它们置于同样的环境中，两个元件构成惠斯通电桥的一臂，同时通过同一电流，在空气中使惠斯通电桥处于平衡状态。当通入瓦斯时，由于混合气体的热导率增大，检测元件阻值改变，甲烷浓度增加，气体热导率增加，电桥输出电压信号也成比例增加[96]。

采用热导原理的甲烷检测装置常用于检测高浓度瓦斯。一般而言，热导方法得到的信号比较小，仪器的零点漂移也难以克服，而且容易受加工精度的影响；同时，热导型仪器对低浓度瓦斯的反应不够准确，容易受到水蒸气与氧气浓度的影响。

4. 气敏半导体检测技术

气敏半导体检测技术是最近几年发展迅速的检测方法，其原理是某些金属氧化物在特定温度下，吸附不同气体之后电阻率会发生大幅度变化[97]。

气敏半导体元件具有灵敏度较高、能耗较少、寿命较长等优点，不存在载体催化元件中毒影响等问题。其缺点也较明显：一是选择性差，特别是受到水蒸气的严重影响，虽然通过添加某些材料或改变反应温度可以适当提高其选择性，但这种方法作用不大；二是线性测量范围较窄，测量可燃性气体浓度的精度差，目前在煤矿中的使用较少。

5. 红外检测技术

不同气体对红外光有着不同的吸收光谱，某种气体的特征光谱吸收强度与该气体的浓度相关，利用这一原理可以测量甲烷的浓度。红外检测传感器采用基于朗伯一比尔吸收定律的非色散红外检测技术，非色散红外技术是由电调制的光源发出脉冲光，经过气室时与气体相互作用，处在气体吸收峰处的一部分红外光被气体吸收，其余的光经过窄带干涉滤光片的选频后，通过热电元件检测出处在气体吸收波长处的光的能量，进而计算出气体的浓度[98,99]。

红外检测传感器适用于各种瓦斯浓度环境，其灵敏度高、选择性好，目前国内外用于精确测量和标定气体浓度的中国球，基本上采用红外技术。但由于红外气体检测装置体积大、设备复杂、价格昂贵，因此不适合在井下使用。

6. 激光检测技术

激光吸收光谱技术的原理与红外气体检测原理基本是一致的，但与红外气体检测原理相比较，具有测量精度和准确度更高的优点。半导体激光吸收光谱技术是利用激光能量被气体分子"选频"吸收形成吸收光谱的原理来测量气体浓度的一种技术。半导体激光器发射出的特定波长的激光束穿过被测气体时，被测气体对激光束进行吸收导致激光强度产生衰减，激光强度的衰减与被测气体含量成正比，因此通过测量激光强度衰减信息就可以分析获得被测气体的浓度[100, 101]。

激光检测传感器具有稳定性好、寿命长、测量精度高、调校周期长、反应时间快、测量范围宽的优点，可适用于高低瓦斯浓度环境，但目前成本较高。

3.1.2　几种检测技术应用对比

目前，国内外用于煤矿井下瓦斯检测技术包括光干涉、载体催化、热导、红外、激光、气敏等。光干涉检测方法在煤矿中使用了半个多世纪，但由于存在易受温度与气压影响的缺陷，目前已经逐步被淘汰。载体催化原理传感器具有信号输出易于处理、结构坚固、便于使用和价格低廉等优点，是当前世界各主要产煤国的甲烷检测技术的主流，同样国内也大量采用载体催化原理。热导检测技术利用甲烷与空气的热导率差异，测量与甲烷浓度相关的电信号以确定甲烷浓度，可以弥补载体催化传感器抗高瓦斯冲击性能差的缺点，一般用于检测高浓度甲烷。

随着光学技术和制造工艺技术的提高，以及近年来窄带干涉滤光片、MEMS、光源等领域的发展，将窄带干涉滤光片集成在传感器上，形成集滤光、检测为一体的新型传感器，为采用非色散红外技术来检测甲烷浓度提供了极大的方便。红外检测传感器具有良好的性能指标，目前正在国内煤矿逐步推广使用。

另外，半导体激光吸收光谱技术也是用于煤矿井下气体探测的新技术，近年来半导体激光器和光纤元件发展迅速，性能大大提高，价格大幅下降。在发达国家，半导体激光气体测量技术已逐步取代传统气体检测技术，在气体在线监测领域得到了日益广泛的应用，其主要应用于非煤行业，特别是在民用领域检测可燃性气体泄露。

各种瓦斯检测原理适用条件不同，各有优缺点，通过对国内外煤矿井下瓦斯检测技术的大量调研，可知目前井下气体检测技术主要采用光干涉、载体催化、热导、红外、激光等几种原理。在我国煤矿瓦斯监控系统中配套使用的低浓度甲烷传感器基本上都是采用载体催化原理，瓦斯监控系统和瓦斯抽放监测系统中配套使用的高浓度甲烷传感器基本上都采用热导原理。

3.2　常用缺失数据处理方法

虽然传感器技术发展迅速，但由于自身性能上的缺陷，以及井下恶劣环境的影响，不能保证传感器所采集的数据都是准确的，而不准确数据直接影响后续数据融合处理的精度，如果数据误差较大更可能造成融合结果的错误。因此，在对多传感器数据进行融合之前，需要对采集的原始数据进行数据预处理，数据预处理一般包括异常数据的剔除和缺失数据的补充。由于瓦斯监测主要是对异常数据进行监测，不宜对异常数据进行剔除，因此瓦斯数据预处理阶段主要是缺失数据的处理。

缺失数据主要是指由于传感器故障或者传输线路故障而没有采集到相应的数据，这时需要采取一定的措施对这些缺失的数据进行补充。缺失数据在许多研究领域都很常见的，理想情况下，采集数据序列中的每个值应该是完整的。然而由于各种原因，许多现实世界数据集中都存在着丢失数据的现象。

清洗缺失数据是数据预处理领域研究的主要问题之一。这些不完整、不准确的数据会影响从数据集中抽取模式的正确性和导出规则的准确性，导致建立错误的数据挖掘模型，应用于决策支持系统产生不准确的分析结果。

忽略这些缺失数据，或简单地使用一个全局常数（如零）代替缺失，会造成相似性查询陷入混乱，导致不可靠的输出，所以在实施查询处理前必须填补缺失。缺失数据处理不当，就会累计大量错误，增加后续算法的运算时间和复杂度。缺失数据的预处理可以改进数据的质量，从而有助于提高融合处理结果的精度和质量[102]。当前有很多方法用于缺失数据的处理，具体如下：

（1）删除元组：将存在缺失信息属性值的对象（元组、记录）删除，从而得到一个完备的信息表。这种方法简单易行，在对象有多个属性缺失值、被删除的含缺失值的对象与信息表中的数据量相比非常小的情况下是非常有效的。然而，这种方法却有很大的局限性，它是以减少历史数据来换取信息的完备，会造成资源的大量浪费，失去了大量隐藏在这些对象中的信息。在信息表中本来包含的对象很少的情况下，删除少量对象就足以严重影响到信息的客观性和结果的正确性。当缺失数据所占比例较大，特别是缺失数据非随机分布时，这种方法可能导致数据发生偏离，从而引出错误的结论[103]。

（2）人工填写缺失值：参照其他数据来源，手工添加缺失数据，或由领域专家估计补全。这种方法过程复杂、耗时长、代价高，并且当数据集较大、缺失值较多时，该方法可能行不通。

（3）特殊值填充：将缺失的属性值用同一个特殊值（如零）来处理。如果缺失值都用某一个值替换，这样可能导致严重的数据偏离，挖掘程序可能误以为它们形成了一个有趣的概念，因为它们都具有相同的值。因此，尽管该方法简单，但是它并不十分可靠，一般不推荐使用。

（4）使用属性的均值填充缺失值：利用缺失数据前后数据点的平均值代替缺失值。例如，某天工作面回风巷瓦斯的平均浓度为 3.2%，则使用该值替换浓度中的全部缺失值。但是通常采集设备造成的缺失不是一两个数据点缺失，而是一串连续的数据点缺失，所以有时该方法也不能达到满意的效果。

（5）预测模型法：预测模型使用已有数据作为训练样本来建立预测模型，预测每一个缺失数据。该方法最大限度地利用已知的相关数据，是比较流行的缺失数据处理技术。常用的预测模型包括回归分析、基于贝叶斯形式化的推理工具和决策树归纳等。

方法（3）～（5）使数据偏置，填入的值可能不正确。其中方法（5）是最为流行的策略，与其他方法相比，它使用已有数据的大部分信息来预测缺失值。

3.3　基于自相关灰插值算法的缺失瓦斯数据处理

目前常用的缺失数据的填补方法有均值法、最大频法[104]、不完备数据分析方法[105]等，近来又有不少学者提出了一些新的方法，如信息表断点填充法[106]、灰插值填充法[107]。基于灰插值填充方法是现有填充算法中性能较好的一种算法，本节在灰插值法的基础上进行了改进，首先使用自相关分析法求出最优融合序列长度，并根据监测数据序列的特性采用一维单序列数据进行建模。

灰色系统理论是解决具有不确定性关系对象间问题的一类研究方法[108]，其核心内容即灰预测模型 GM(1,1)在预测与控制、模式识别以及其他很多工程领域得到广泛的应用[109,110]。本节根据灰色系统理论和时间数据序列的特性，提出了一种基于相关分析的灰插值预测缺失数据方法。一般情况下，原始数据序列的长度 N 较大，通常采用缺失点附近的数据进行建模，本课题采用相关分析法选择最佳的预测数据个数作为灰插值的有效建模时区窗口，建立前向灰预测和后向灰预测模型生成灰插值信息的覆盖区间，通过优化组合系数 λ 对缺失值进行推理。经过与其他填充方法的比较，验证了该方法具有较好的光滑性和预测效果。

3.3.1　自相关分析

设原始监测数据序列 $X = \{x_1, \cdots, x_t, \cdots, x_n\}$，其中 x_t 为空值。当 n 较大

时，根据序列数据特性，采用相关分析法抽取 x_t 附近的数据点建模。

相关分析法是度量数据序列中各元素之间相关关系的一种方法，其相关性强弱采用自相关系数表示[111]。自相关系数的范围从 -1 到 1，其中 -1 表示完全负相关，1 表示完全正相关，0 表示不相关。可以把由包含 n 个观测值的监测序列 X 组成 $n-1$ 个由相邻数据构成的数据对，即 (x_1, x_2)，(x_2, x_3)，…，(x_{n-1}, x_n)，则一阶自相关系数 r_1 可以表示为

$$r_1 = \frac{\sum_{i=1}^{n-1} (x_i - \overline{x})(x_{i+1} - \overline{x})}{\sqrt{\sum_{i=1}^{n-1} (x_i - \overline{x})^2 \sum_{i=1}^{n-1} (x_{i+1} - \overline{x})^2}} \tag{3.1}$$

同理，也可以把 X 组成 $n-k$ 对间隔 k 个元素的数据对，则可以计算得到 X 的 k 阶自相关系数 r_k：

$$r_k = \frac{\sum_{i=1}^{n-k} (x_i - \overline{x})(x_{i+k} - \overline{x})}{\sqrt{\sum_{i=1}^{n-k} (x_i - \overline{x})^2 \sum_{i=1}^{n-k} (x_{i+k} - \overline{x})^2}} \tag{3.2}$$

由自相关分析理论可知，在区间 $[-1.96/\sqrt{n}, 1.96/\sqrt{n}]$ 之间的自相关系数被认为与 0 无显著性差别[112]，即在此区间内，监测数据序列中各观察值之间的自相关性非常弱。因此，需要根据序列长度 n 选取自相关系数大于 $1.96/\sqrt{n}$ 的 k 值，如果有多个符合条件的值则选取自相关系数最大的一个作为 k 的值，则可以得到与 t 时刻丢失数据紧密相关的点共有 $2k$ 个，即 t 的前 k 个时刻和后 k 个时刻的数据，t 时刻的数据便可由其前后 $2k$ 个数据来估计。

3.3.2　灰插值模型

由自相关分析可知，与 t 时刻缺失数据紧密相关的数据为其前后各 k 个数据，而建立 GM(1,1) 模型需求建模序列长度不得少于 4 个有效元素[108]，因此必须保证 $k \geqslant 4$。

设建模子序列 $X^* = \{x_{t-k}, \cdots, x_t, \cdots, x_{t+k}\}$，$k \geqslant 4$，若任取 $i \neq t(t-k \leqslant i \leqslant t+k)$，$x_i$ 均为有效值，则称 X^* 为 x_t 的有效建模时区窗口。在有效建模时区窗口 X^* 内，令

$$\begin{cases} u_i = x_{t-k-1+i} & 1 \leqslant i \leqslant k \\ v_j = x_{t+k+1-j} & 1 \leqslant j \leqslant k \end{cases} \tag{3.3}$$

记 $U=\{u_1, \cdots, u_k\}$，$V=\{v_1, \cdots, v_k\}$，则其时轴分布示意图如图 3.1 所示。

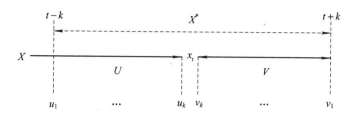

图 3.1　时轴分布示意图

分别在子序列 U 上建立 GM（1，1）预测 x_t 的值，称为后向灰预测模型 （BGM）；在子序列 V 上建立 GM（1，1）由 v_1 到 v_k 预测 x_t 的值，因为是从后向前进行预测，所以称之为前向灰预测模型（FGM）。

设 $x^{(0)}=U$，即 $x^{(0)}(i)=u_i$，$1 \leqslant i \leqslant k$，建立 BGM 模型，利用 GM（1，1）的白化预测公式可知 x_t 的后向白化预测值 xw_B。设 $\hat{x}^{(0)}(i)$ 为 $x^{(0)}(i)$ 的灰模型预测值，则残差序列及其极值为

$$\Delta_i^B = x^{(0)}(i) - \hat{x}^{(0)}(i) \qquad i=2, \cdots, k \tag{3.4}$$

$$\Delta_{\min}^B = \min_i(\Delta_i^B), \Delta_{\max}^B = \max_i(\Delta_i^B) \tag{3.5}$$

其白化覆盖为 $[xw_B+\Delta_{\min}^B, xw_B+\Delta_{\max}^B]$。

同理，设 $x^{(0)}=V$，即 $x^{(0)}(j)=v_j$，$1 \leqslant j \leqslant k$，通过 FGM 得到 x_t 的前向预测值 xw_F，求得其白化覆盖为 $[xw_F+\Delta_{\min}^F, xw_F+\Delta_{\max}^F]$。

取

$$x_{\min} = \max(xw_B+\Delta_{\min}^B, xw_F+\Delta_{\min}^F) \tag{3.6}$$

$$x_{\max} = \max(xw_B+\Delta_{\max}^B, xw_F+\Delta_{\max}^F) \tag{3.7}$$

称区间 $[x_{\min}, x_{\max}]$ 为灰插值信息覆盖。记

$$x_t' = \lambda x_{\min} + (1-\lambda)x_{\max} \qquad 0 \leqslant \lambda \leqslant 1 \tag{3.8}$$

为缺失值 x_t 的灰插值估计，其中 λ 为插值组合系数。

3.3.3　插值组合系数优化

根据式（3.8）分别取不同的插值组合系数 λ，使 x_t' 为 x_t 的灰插值，从而得到完整的序列子集。搜索使其插补前后状态变化最小的 λ 即最优系数 λ^*。设 $e(\lambda)$ 为 x_t' 所致的总误差，则

$$\lambda^* = \operatorname{argmin}(e(\lambda)) \tag{3.9}$$

在煤矿瓦斯监测系统中，所采集的数据序列一般为一维单序列。首先利用 GM(1，1)较强的最近值预测能力，在 x_t 的 k 邻域内一侧，递进地以 $k+1$ 个数据点建立 k 个 GM(1，1)；然后从各个模型抽取第 1 个预测值组成邻域内另一侧数据的灰拟合序列，即用 $x^{(0)}(i) = x(t-l-1+i)$，$1 \leqslant i \leqslant k+1$ 建立 GM(1，1)，求得 x_{t+1} 的预测值 x'_{t+1}；最后去掉第 1 个元素 x_{t-k}，递进增加新元素 x_{t+1}，即 $x^{(0)}(i) = x(t-k+i)$，$1 \leqslant i \leqslant k$，得到 x_{t+2} 的预测值 x'_{t+2}[113]。如此继续，建立等阶灰数递进模型，则总的灰拟合误差为

$$e(\lambda) = \sum_{i=1}^{k} | x_{t+1} - x'_{t+1} | \tag{3.10}$$

自相关灰插值估计算法以自相关分析和灰色理论为基础，主要包括三个步骤：① 自相关分析缺失数据的最优相关数据长度；② 建立前后向灰模型获得缺失值的覆盖范围；③ 插值组合系数优化。该算法充分利用原数据序列中尽量多的相关数据，并在系数优化阶段寻找最小误差的系数，因而具有较高的精度。

3.4 实 例 分 析

现有某工作面瓦斯回风(40)在 2009 年上半年所采集的瓦斯监测数据，采样间隔为 5 min，预处理时检测到几个缺失值。下面以填补 5 月 27 日 9:45 缺失瓦斯数据为例，验证自相关灰插值算法的填充有效性，图 3.2 为 7:15～12:15 所采集的 60 个数据，记为 $X = [x_1, x_2, \cdots, x_{60}]$，其中第 30 个数据 x_{30} 即 9:45 时的数据缺失。

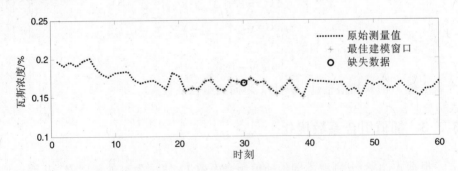

图 3.2 带缺失值的瓦斯浓度数据序列

首先求有效建模时区窗口的长度 k，根据自相关分析法，计算得到当 $k=9$ 时，$r_k = 0.4860$ 为符合条件的 k 中最大值，此时 $r_k > 1.96/\sqrt{n} = 0.2530$。取 x_{30}

前后各 9 个数据作为有效建模时区窗口，即图 3.2 中 * 显示的数据序列。

则序列 U 和 V 分别为 $x_{21} \sim x_{29}$ 和 $x_{31} \sim x_{39}$ 的瓦斯浓度数据序列。通过建立前向灰模型 BGM 和后向灰模型 FGM，获得白化预测值覆盖范围。计算结果见表 3.1。

表 3.1 白化预测值覆盖

项　　目	计　算　值
BGM 预测值 xw_B	0.1685
BGM 残差区间 Δ^B	$[-0.0079, 0.0083]$
FGM 预测值 xw_F	0.1702
FGM 残差区间 Δ^F	$[-0.0092, 0.0118]$
x_{min}	0.1606
x_{max}	0.1820

取插值组合系数 λ 为 0～1，以步长为 0.01 按式(3.6)和式(3.7)形成一系列插值估计值，通过组合搜索可以求出当 $\lambda^* = 0.58$ 时，$e(\lambda^*) = 0.0406$ 为最小灰拟合误差，此时求得灰插值为 0.1696。表 3.2 列出了自相关灰插值模型与三次样条插值、多项式插值和线性插值的误差比较。

表 3.2 不同算法插值结果及误差比较

	自相关灰插值	三次样条插值	多项式插值	线性插值
插值结果	0.1696	0.1727	0.1722	0.1734
误差值	0.0014	0.0045	0.0040	0.0052
误差/%	0.83	2.68	2.38	3.09
精度/%	99.17	97.32	97.62	96.91

表 3.2 中各种算法的误差计算是插值结果与实际值 0.1682 的相对误差，从中可以看出，利用本节所提出的自相关灰插值方法比其他插值方法获得了更好的效果。

3.5 本章小结

本章首先介绍了目前常用的几种瓦斯检测技术，并对其应用范围和优缺点进行了分析，指出了采用半导体激光气体测量技术瓦斯监测传感器是今后的发展方向。对于目前普遍存在的瓦斯监测数据缺失的问题，提出了一种基于自相关分析与灰插值相结合的自相关灰插值算法。该算法首先利用自相关分析法求解最优融合序列长度，然后采用灰插值模型得到缺失值的信息覆盖范围，最后通过优化组合系数求得最小误差的缺失数据填充值。该方法相对于目前常用的几种缺失数据插值处理算法更准确有效。

第4章　多源瓦斯监测数据融合研究

在瓦斯监测的过程中，传感器长期处于不间断工作状态，受到井下复杂环境因素的干扰以及传感器本身精度的影响，监测结果会与实际值有所偏差。更为严重的是，传感器在井下会受到多种有害气体、水和煤尘的共同侵蚀，其检测能力会因此降低甚至完全失效。为了提高测量的精度，通常采用单传感器多次测量或者多个传感器测量取平均值的方法。但是单传感器多次测量会产生一定的时延，不能满足瓦斯监测系统实时性的需要；而采用多传感器取平均值，其测量结果会受到不准确数据的影响，如果某个传感器出现故障，将严重影响测量数据的精确度。因此，如何提高监测信息的准确度已经成为研究瓦斯监测系统的关键问题之一。

多传感器信息融合技术为解决这类问题提供了较好的解决方法。廖惜春等人采用自适应加权平均法对多传感器数据进行融合，该方法虽简单，但其权重系数的调整带有一定的主观性[114]；付华等人以 Bayes 估计理论为基础进行了多传感器数据的最优融合，但该方法首先要去除可能有错误的监测数据，然后将剩余不确定性数据描述为具有正态分布特性，并且需要给出各传感器对目标参数的先验概率[115]。本章提出了一种改进的分批估计方法应用于多传感器数据的融合处理，可在不需要预先剔除失效数据的情况下，利用传感器监测值与估计值的方差调节各传感器的融合权重，通过多步融合逐渐弱化误差较大传感器对融合值的影响。实验证明，该算法具有计算速度快、融合结果准确可靠的特点，是一种实用的井下瓦斯监测数据的融合方法。

4.1　多传感器加权融合算法

多传感器分批估计方法是加权融合算法的一种变型，因此首先介绍加权融合算法的思想。加权数据融合算法是多传感器数据融合算法中经常使用到的一种方法，对于非线性系统，使用加权的数据融合算法往往能够取得比较好的效果[116]。

假设利用 N 个传感器对同一测量参数 x 进行测量，第 i 个传感器得到的测量值记为 $y_i(i=1, 2, \cdots, N)$，由于测量过程中会受到传感器本身质量以及外部噪声的干扰，测量值会存在一定的误差。带干扰的测量值可以表示为

$$y_i(k) = x(k) + e_i(k) \qquad i = 1, 2, \cdots, N \tag{4.1}$$

式中，$x(k)$ 为被测参数 x 在 k 时刻的真实值，$e_i(k)$ 为第 i 个传感器在 k 时刻的加性噪声，$y_i(k)$ 为第 i 个传感器在 k 时刻的测量值。由于每个传感器的品质及其受到噪声干扰的程度各不相同，因此 $y_i(k)$ 偏离被测参数真实值的程度也是不同的。对于每一个传感器可根据一定的原则赋予一个权值 w_i，从而得到 N 个传感器测量值的估计值 $\hat{y}$：

$$\hat{y} = \sum_{i=1}^{N} w_i y_i \tag{4.2}$$

式中，w_i 为 y_i 的权值，权值 w_i 之和为 1。

如果权重 w_i 对于每一个传感器 i 所赋的权值都是相同的，那么 $\hat{y}$ 就是 y_i($i=1, 2, \cdots, N$)的均值。此时 $w_i=1/N$，所得估计值就是各测量值的一个平均估计，一般情况下这个结果并不是最优的。

式(4.2)的估计方差可表示为

$$\sigma^2 = E\Big[\sum_{i=1}^{N} w_i^2 (y - y_i)^2\Big] = \sum_{i=1}^{N} w_i^2 \sigma_i^2 \tag{4.3}$$

式(4.3)右边是 w_i 的二次多项式，因而存在一个最小值 $\sigma_{\min}^2$，当

$$w_i = \frac{1}{\sigma_i} \cdot \Big[\sum_{i=1}^{N} \frac{1}{\sigma_i}\Big]^{-1} \qquad i = 1, 2, \cdots, N \tag{4.4}$$

时，式(4.3)取最小值，此时

$$\sigma_{\min}^2 = \Big[\sum_{i=1}^{N} \frac{1}{\sigma_i}\Big]^{-1} \tag{4.5}$$

各传感器在受到噪声干扰时，其测量误差是不同的，因此各传感器测量值的可信度也不同。式(4.5)的含义是将可信度高的传感器赋予较大的权值，将可信度低的传感器赋予较小的权值。这样可以使融合结果具有较小的测量方差，即利用多传感器加权融合的方法可以得到更为准确的测量结果。加权融合算法必须对传感器的可信度进行分析评价，由可信度来确定每一个传感器的权值。

4.2　分批估计融合算法

分批估计融合理论源于递推估计理论，是在同一个监测点放置多个传感器，将同一时刻对同一参数的多个监测数据的进行融合处理以求得更优结果的一种算法，可以有效地消除由各个传感器测量误差所引起的融合结果的偏差，其结构如图 4.1 所示。

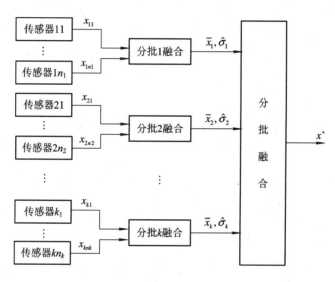

图 4.1　分批估计融合结构图

若同一时刻存在 n 个相互独立的传感器对同一位置的监测参数 μ 进行测量，可以得到 n 个测量值，记为 x_1，x_2，$\cdots$，x_n，每个传感器的测量值可表示为 $x_i = \mu + \xi_i$，$i = 1, 2, \cdots, n$，ξ_i 为随机误差，它们相互独立。一般情况下可以取测量值的算术平均值来估计 μ，即

$$\hat{\mu} = \bar{x} = \frac{1}{n} \sum_{i=1}^{n} x_i \tag{4.6}$$

则其方差为

$$\hat{\sigma}_x^2 = \frac{1}{n} \sum_{i=1}^{n} (x_i - \bar{x})^2 \tag{4.7}$$

分批估计理论首先按照精度相同传感器同组原则将 n 个传感器分为 k 批，各批中的传感器个数可以相等也可以不等。第 p 批传感器包含 n_p 个传感器，其监测数据可以表示为 x_{p1}，x_{p2}，$\cdots$，x_{pnp}，$p = 1, 2, \cdots, k$，且有

$$\sum_{p=1}^{k} n_p = n \qquad n_p \geqslant 2 \tag{4.8}$$

然后分别计算各批监测数据的平均值，记 $x = \{\overline{x}_1, \overline{x}_2, \cdots, \overline{x}_k\}$，且

$$\overline{x}_p = \frac{1}{n_p} \sum_{i=1}^{n_p} x_{pi} \qquad p = 1, 2, \cdots, k \tag{4.9}$$

对应的标准差为 $\hat{\sigma}_1, \hat{\sigma}_2, \cdots, \hat{\sigma}_k$，且

$$\hat{\sigma}_p = \sqrt{\frac{1}{n_p - 1} \sum_{i=1}^{n_p} (x_{pi} - \overline{x}_p)^2} \qquad p = 1, 2, \cdots, k \tag{4.10}$$

由于多传感器分批估计是对某一特定时刻监测信息的融合，没有考虑到以前的监测信息，因此可认为此前测量结果的标准差 $\hat{\sigma}_- = \infty$，即 $(\hat{\sigma}_-)^{-1} = 0$。由分批估计理论可得融合后的结果为

$$x^+ = [\hat{\sigma}_+ (\hat{\sigma}_-)^{-1}] \cdot x^- + [\hat{\sigma}_+ \boldsymbol{H}^{\mathrm{T}} \boldsymbol{R}^{-1}] \cdot x = [\hat{\sigma}_+ \boldsymbol{H}^{\mathrm{T}} \boldsymbol{R}^{-1}] \cdot x \tag{4.11}$$

式中：x^- 为上一次数据融合结果；x 为算术平均值矩阵；$\hat{\sigma}_+$ 为分批估计数据融合结果的方差；$\boldsymbol{H}$ 为量测方程的系数矩阵；$\boldsymbol{R}$ 为测量噪声的协方阵[114, 117]，且有

$$\hat{\sigma}_+ = [(\hat{\sigma}_-)^{-1} + \boldsymbol{H}^{\mathrm{T}} \boldsymbol{R}^{-1} \boldsymbol{H}]^{-1} \tag{4.12}$$

$$\boldsymbol{H} = \begin{bmatrix} 1 \\ 1 \\ \vdots \\ 1 \end{bmatrix}, \quad x = \begin{bmatrix} \overline{x}_1 \\ \overline{x}_2 \\ \vdots \\ \overline{x}_k \end{bmatrix}$$

$$\boldsymbol{R} = \begin{bmatrix} E(v_1^2) & E(v_1 v_2) & \cdots & E(v_1 v_k) \\ E(v_2 v_1) & E(v_2^2) & \cdots & E(v_2 v_k) \\ \vdots & \vdots & & \vdots \\ E(v_k v_1) & E(v_k v_2) & \cdots & E(v_k^2) \end{bmatrix} = \begin{bmatrix} \hat{\sigma}_1^2 & 0 & \cdots & 0 \\ 0 & \hat{\sigma}_2^2 & \cdots & 0 \\ \vdots & \vdots & & \vdots \\ 0 & 0 & \cdots & \hat{\sigma}_k^2 \end{bmatrix}$$

将上述各参数及 $(\hat{\sigma}_-)^{-1} = 0$ 代入式 (4.11) 和式 (4.12)，计算可得

$$x^+ = \left[\sum_{p=1}^{k} \frac{1}{\hat{\sigma}_p^2}\right]^{-1} \cdot \sum_{p=1}^{k} \frac{\overline{x}_p}{\hat{\sigma}_p^2} \tag{4.13}$$

$$\hat{\sigma}_+ = [(\hat{\sigma}_-)^{-1} + \boldsymbol{H}^{\mathrm{T}} \boldsymbol{R}^{-1} \boldsymbol{H}]^{-1} = \left[\sum_{p=1}^{k} \frac{1}{\hat{\sigma}_p^2}\right]^{-1} \tag{4.14}$$

同样也可以使用似然估计推导出式 (4.13) 和式 (4.14)[114]。将 $\overline{x}_1, \overline{x}_2, \cdots, \overline{x}_k$ 视作参数 μ 的 k 个不等精度的监测值，或认为是来自 k 个不同传感器的监测值，则对应于 $\overline{x}_1, \overline{x}_2, \cdots, \overline{x}_k$ 的似然函数为

$$L = \prod_{p=1}^{k} f(\overline{x}_p, \hat{\sigma}_p, \mu) \tag{4.15}$$

其中：

$$f(\overline{x}_p, \hat{\sigma}_p, \mu) = \frac{1}{\sqrt{2\pi}\hat{\sigma}_p} + \exp\left[-\frac{(\overline{x}_p - \mu)^2}{2\hat{\sigma}_p^2}\right] \tag{4.16}$$

将式(4.16)代入式(4.15)有

$$\ln L = \ln \frac{1}{\prod_{p=1}^{k} \sqrt{2\pi}\hat{\sigma}_p} + \left[-\sum_{p=1}^{k} \frac{(\overline{x}_p - \mu)^2}{2\hat{\sigma}_p^2}\right] \tag{4.17}$$

由极大似然函数估计法，此时应使

$$\frac{\mathrm{d}\ln L}{\mathrm{d}\mu} = 0$$

由此可求得 μ 的估计值为

$$\hat{\mu} = x^+ = \left[\sum_{p=1}^{k} \frac{1}{\hat{\sigma}_p^2}\overline{x}_p\right]\left[\sum_{p=1}^{k} \frac{1}{\hat{\sigma}_p^2}\right]^{-1} \tag{4.18}$$

由方差的性质可得

$$\hat{\sigma}_+ = \left[\sum_{p=1}^{k} \frac{1}{\hat{\sigma}_p^4}\hat{\sigma}_p^2\right]\left[\sum_{p=1}^{k} \frac{1}{\hat{\sigma}_p^2}\right]^{-2} = \left[\sum_{p=1}^{k} \frac{1}{\hat{\sigma}_p^2}\right]^{-1} \tag{4.19}$$

可见，通过似然估计推导出来的公式和分批估理论推导出的公式完全相同。

在井下瓦斯监测时，由于在某一位置设置的传感器数量有限，可以将传感器分为两批进行估计，即取 $k=2$ 时，式(4.13)和式(4.14)简化为

$$x^+ = \left[\frac{\overline{x}_1}{\hat{\sigma}_1^2} + \frac{\overline{x}_2}{\hat{\sigma}_2^2}\right]\left[\frac{1}{\hat{\sigma}_1^2} + \frac{1}{\hat{\sigma}_2^2}\right]^{-1} = \frac{\hat{\sigma}_2^2}{\hat{\sigma}_1^2 + \hat{\sigma}_2^2}\overline{x}_1 + \frac{\hat{\sigma}_1^2}{\hat{\sigma}_1^2 + \hat{\sigma}_2^2}\overline{x}_2 \tag{4.20}$$

$$\sigma_+ = \left[\frac{1}{\hat{\sigma}_1^2} + \frac{1}{\hat{\sigma}_2^2}\right] = \left[\frac{\hat{\sigma}_1^2\hat{\sigma}_2^2}{\hat{\sigma}_1^2 + \hat{\sigma}_2^2}\right]^{-1} \tag{4.21}$$

在上述推导中，分批估计假设 n 个传感器中有 p 种精度相同的传感器组，并将精度相同的传感器分成一批，每一批的方差是 $\sigma_1, \sigma_2, \cdots, \sigma_k$。下面来考虑这种算法融合结果的有效性。由式(4.14)可知分批估计方法的方差为

$$\sigma_x^+ = \left[\sum_{i=1}^{n} \frac{1}{\sigma_i^2}\right]^{-1} = \left[\sum_{p=1}^{k} \frac{n_p}{\sigma_p^2}\right]^{-1} \tag{4.22}$$

采用取平均值方法估计时，其方差为

$$\sigma_{\overline{x}} = \frac{1}{n^2}\sum_{p=1}^{k}\sum_{i=1}^{n_p} \sigma_i^2 = \frac{1}{n^2}\sum_{p=1}^{k} n_p\sigma_p^2 \tag{4.23}$$

由许瓦尔兹(Schwartz)不等式易知

$$\frac{\sigma_{\bar{x}}}{\sigma_x^+} = \frac{1}{n^2}\Big[\sum_{p=1}^{k} n_p \sigma_p^2\Big]\Big[\sum_{p=1}^{k} \frac{n_p}{\sigma_p^2}\Big] \geqslant \frac{1}{n^2}\Big[\sum_{p=1}^{k} \sqrt{n_p}\sigma_p \frac{\sqrt{n_p}}{\sigma_p}\Big]^2 = 1 \quad (4.24)$$

即

$$\sigma_{\bar{x}} = \frac{1}{n^2}\sum_{p=1}^{k} n_p \sigma_p^2 \geqslant \sigma_x^+ = \Big[\sum_{p=1}^{k} \frac{1}{\sigma_p^2}\Big]^{-1} \quad (4.25)$$

由此可知 x^+ 优于算术平均值 $\bar{x}$，这也是可以理解的，因为在计算过程中是将这一批传感器的均值作为某一精度类型传感器中的一个新的测量值进行融合的[114]。

上述结果是针对 n 个精度相同的传感器进行的分批估计，实际上多传感器数据采集系统中的大多数传感器的精度都不完全一样，在应用分批估计理论处理瓦斯监测数据时，通常将精度相近的传感器分为一批。

4.3　改进的分批估计融合算法

各批监测传感器的精度不可能完全一样，为了使融合的结果更优，分批估计算法根据各批传感器所得到的测量值自适应地寻找对应的权值以达到最优的融合结果。通过对上述分批估计算法研究发现，分批估计理论在进行递推时仅采用了当前时刻的监测数据，即取 $\hat{\sigma}_- = 0$。当 $\hat{\sigma}_-$ 取上一次计算的 $\hat{\sigma}_+$，则可以得到融合以前监测结果的估计公式。但是对于瓦斯监测，其测量值有很强的波动性，过分依赖于以前的监测值会造成监测的延迟，无法体现出瓦斯监测的实时性；而式(4.13)和式(4.14)则没有考虑到以前的监测信息，仅利用当前时刻的监测数据与估计值的方差进行判断。

通过上述分析可知，如果直接使用上一次计算的 $\hat{\sigma}_-$ 进行递推，会使得当前融合值受到以前测量值的影响。通过对研究分批估计算法可以发现，如果以最终估计值作为准确值，则可获得分批估计值的测量误差，并且它可以作为度量传感器组的准确程度一个方式。因此可以用每批传感器的测量误差不同来增加较为准确传感器组在融合中的比重，这样可以逐步削弱不精确传感器的影响，而且融合值不会受到以前测量数据的干扰。改进的分批估计融合结构见图4.2。

在分批估计算法中，第 p 分批数据 x_p 的权重系数 w_p 为

$$w_p = \frac{1}{\hat{\sigma}_p^2}\Big[\sum_{i=1}^{k} \frac{1}{\hat{\sigma}_i^2}\Big]^{-1} \quad (4.26)$$

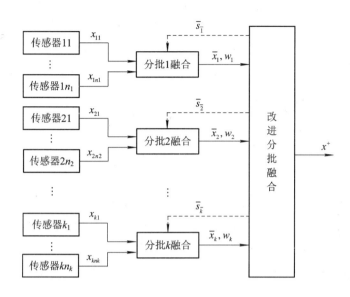

图 4.2　改进的分批估计融合结构图

记分批融合各批数据平均值 $\bar{x}_1$，$\bar{x}_2$，$\cdots$，$\bar{x}_k$ 相对于最终融合结果 x^+ 的方差分别为 $\bar{s}_1^2$，$\bar{s}_2^2$，$\cdots$，$\bar{s}_k^2$，其中：

$$\bar{s}_p^2 = (\bar{x}_i - x^+)^2 \tag{4.27}$$

在改进的分批估计算法中采用 $k-1$ 次的分批融合方差对第 k 次融合公式进行修正。由多传感器加权融合算法知，要消除传感器精度引起的误差，则权重系数应与其估计方差成反比，因此引入上一次的估计方差对融合系数进行修正。第 p 分批权重系数的修正因子记为 a_p，则有

$$a_1 : a_2 : \cdots : a_k = \frac{1}{\bar{s}_1^2} : \frac{1}{\bar{s}_2^2} : \cdots : \frac{1}{\bar{s}_k^2} \tag{4.28}$$

又权重之和始终为 1，即

$$\sum_{p=1}^{k} w_p = 1 \tag{4.29}$$

$$\sum_{p=1}^{k} a_p \cdot w_p = 1 \tag{4.30}$$

求解由式(4.28)、式(4.29)和式(4.30)组成的方程组可得

$$a_p = \frac{1}{\bar{s}_p^2} \cdot \frac{1}{\displaystyle\sum_{i=1}^{k} \frac{w_i}{\bar{s}_i^2}} = \frac{1}{\bar{s}_p^2} \cdot \left(\left[\sum_{j=1}^{k} \frac{1}{\hat{\sigma}_j^2} \right]^{-1} \times \left[\sum_{i=1}^{k} \frac{1}{\bar{s}_i^2} \frac{1}{\hat{\sigma}_i^2} \right] \right)^{-1} \tag{4.31}$$

4.4　实 例 分 析

　　为了验证本章算法的有效性,在阳泉某矿 8404 采煤工作面上进行验证实验研究。在某监测点设置了 9 套独立的瓦斯浓度监测传感器,其中 1 套采用红外检测技术,测量精度较高,作为实验中的瓦斯浓度测量的标准数据;另外 8 套监测仪器采用其他检测技术,检测精确稍低,作为监测采集数据,其中 3 套存在一定的零点漂移,以 5min 的采样间隔对该采煤工作面的瓦斯浓度进行了 100 次测量。

　　分别对以上监测数据应用均值法、分批估计算法和本课题提出的改进的分批估计算。由于传感器数相对较少,在实验中将传感器分为两组,这样既简化了计算公式,又使融合方法在计算速度上也达到了实时瓦斯浓度信息处理的需要。实验中将这 3 套存在一定零点漂移的监测传感器作为一批,这 3 套传感器的误差相对较大,其余 5 套作为另一批。为了清楚显示各种算法的性能,实验分两组进行:第一组进行分批估计算法与简单平均算法的性能比较,第二组比较分批估计算法与本课题提出的改进的分批估计算法的性能差异。

　　图 4.3 是本章提出融合算法与简单平均算法的输出结果对比,可见,简单平均法相对于精确仪器所测量的实际瓦斯浓度值有一段距离的偏差。这是因为参与测量的 3 台瓦斯传感器存在一定的零点漂移,其测量误差在平均值中叠

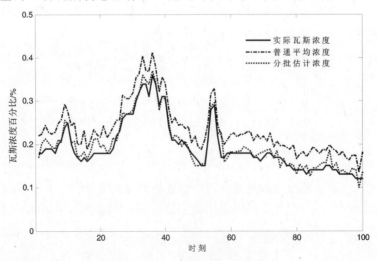

图 4.3　瓦斯浓度融合结果对比

加，造成了整体均值与实际的瓦斯浓度的偏离。可以认为，传统的简单平均法是建立在可靠测量的基础上的，如果没有可靠的测量初值，估计算法就失去了意义。在分批估计算法中方差大的数据被赋予了较小的权数，而方差小的数据被赋予了较大的权数，因此这种数据融合方法可以获得比算术平均值更可靠的测量结果。从图 4.3 中也可以看出，分批估计算法的融合瓦斯浓度值比简单平均法更接近精确仪器所测量的实际瓦斯浓度值。

　　图 4.4 是简单平均法和分批估计算法两种方法相对误差的对比，可以明显看出由分批估计算法得到融合浓度值比简单平均法得到的融合浓度值相对误差更小，更接近实际浓度值。

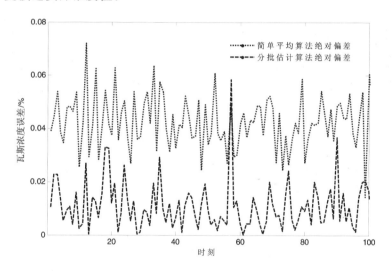

图 4.4　瓦斯浓度融合误差对比

　　图 4.5 是本章所提出的改进分批估计算法与普通分批估计算法的融合结果对比，图 4.6 是两种算法的相对误差对比。从中可以看出，改进的分批估计算法的融合浓度值比普通分批估计算法更接近实际浓度值，相对误差更小。在时刻 58 和 90，普通分批估计算法相对准确值有较大的偏差，这是因为测量偏差较大的 3 组传感器在这两个时刻的测量值相对接近，对应的标准差较小，而分批估计算法中，每批估计值的权重与其标准差成反比，因此误差较大的一组传感器所占的比较就较大，造成了整体偏差过大。当然这是小概率事件，在整个监测过程中，分批估计算法还是优于简单平均算法。本章所提出的改进分批估计算法则可以有效地解决这个问题，将以前的监测信息也进行了融合，从中提取了整个监测过程中传感器的精度。由图 4.5 可以看出，改进的融合算法的瓦斯浓度误差基本在 0.02 以内。

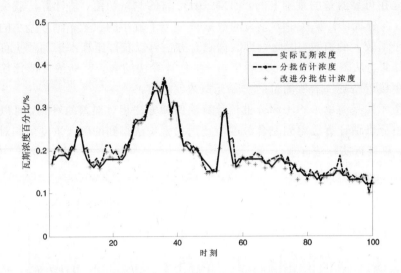

图 4.5　分批估计与改进分批估计算法融合结果对比

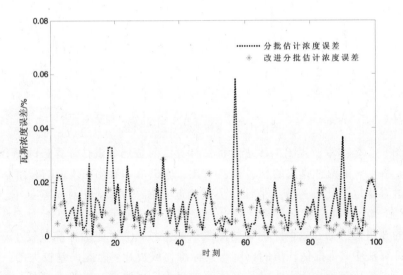

图 4.6　分批估计与改进分批估计算法融合误差对比

　　实验结果表明，相对于简单平均算法和普通分批估计算法，本章所提出的改进分批估计融合算法更准确、更可靠。

4.5　本章小结

　　本章提出了一种改进的分批估计方法对多传感器采集到的监测数据进行融合处理，在不需要剔除失效数据的情况下，利用传感器监测值与估计值的方差调节各传感器的融合权重，通过多步融合逐渐弱化误差较大传感器对融合值的影响。实验结果表明，改进的分批估计融合算法相对于简单平均算法和普通分批估计算法更加准确可靠。

第5章　基于GMAR模型的实时瓦斯信息异常检测研究

　　煤矿瓦斯监测监控是预防瓦斯灾害的重要手段之一，瓦斯监控系统可以监测瓦斯、风速、负压、一氧化碳、温度等模拟量以及开停、风门、馈电等开关量。经过多年的研究，瓦斯监控系统已经达到了一定的水平，成为保障煤矿安全生产的必备设施之一。但总体上，煤矿瓦斯监控系统的功能仍以监测为主，仅能对所采集的各类数据进行实时的和历史的曲线显示，未能实现瓦斯状态的预警分析等专业功能[118]。为此，许多学者在瓦斯预报预测方等方面展开了深入地研究，并取得了一定的研究成果[119，120]。但是由于矿井瓦斯受到井下环境的复杂性以及多种采动因素的影响，难以找到一种有效的方法实现瓦斯的实时预警。

　　目前瓦斯监控系统通常采用的在线监测方法是阈值法，即对所要监测的瓦斯参数预先设置一个阈值，然后依据该阈值进行异常判断。阈值法的特点是应用简单，可以根据安监人员的经验来设定阈值，其主要难题是如何设置一个合适的阈值。瓦斯监控系采集的各种模拟量都是不稳定的，而阈值的设置又是和它们紧密相关，阈值设置太小，会被频繁超过，产生过多的虚假报警；阈值设置过大，可能漏掉重要的异常信息，错过隐患处理的最佳时机。此外阈值法还无法检测所监测参数的细微变化，如图5.1所示。图中曲线表示瓦斯浓度的监测数据序列，虚线表示设置的阈值，图5.1(a)表示阈值范围内瓦斯浓度水平的上移异常；图5.1(b)表示阈值范围内瓦斯浓度短时间的突变异常。

　　纵观我国发生的重大突出事故，虽然原因是多方面的，但不少事故是由于采掘空间瓦斯涌出的不均衡性及多变性诱发的。掘进工作面的瓦斯涌出是一个多变量复杂的动力学系统，受时间、空间、煤层赋存条件、瓦斯地质条件和开采技术条件等因素影响。煤矿工作面的监测监控系统可实时获得大量的含有瓦斯动力学信息的工作面瓦斯涌出量时间序列数据。通过利用工作面瓦斯浓度的变化，结合计算机技术能够实现瓦斯突出短期预报。

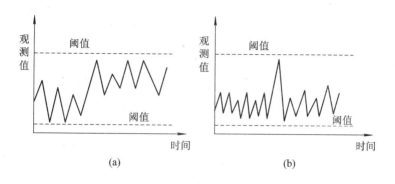

图 5.1　阈值方法检测不到细微变化

近年来随着非接触式瓦斯预测方法研究的深入，并结合瓦斯突出前的一些现象与现场大量数据，分析表明在发生煤与瓦斯突出前工作面瓦斯涌出量时间序列数据呈现忽大忽小的现象，这一现象为利用时间序列分析煤与瓦斯突出提供了一定的依据。国内许多专家学者结合我国煤矿的实际情况，将灰色理论、神经网络等新方法引入基于瓦斯涌出量预测煤与瓦斯突出领域，并取得了一定的成果。

为了弥补阈值法的不足，检测出瓦斯监测参数的一些细微的异常波动，从所监测数据序列中尽可能地提取重要的信息，因此引入了异常检测的思想。异常检测是数据挖掘的一个重要分支，目前在许多领域具有广泛的应用，例如信用卡欺骗、消费者行为分析、医疗分析、气象预报、网络入侵检测等。异常检测将检测数据分为"正常"和"异常"两类。"正常"意味着符合某种规范的模式，以常规的或所预料的状态、形式、数量或程度发生并保持良好状态，是建立在一定的趋势基础上；而"异常"则意味着违反了这种期望，与期望的情形有一定程度的偏差[121]。Hawkins 给出了异常的本质性的定义：异常是在数据集中与众不同的数据，使人怀疑这些数据并非随机偏差，而是产生于完全不同的机制[122]。

在瓦斯异常检测中，正常行为表示由于井下环境变化或采动引起的监测参数在可控范围内的波动，异常则是由不确定因素导致的监测参数的异常突变。瓦斯异常检测的目的是通过在线监测井下各个监测点的瓦斯浓度、温度、风速等多种参数，利用数据融合理论对这些信息进行综合处理，基于前一阶段监测数据预测瓦斯灾害发生的可能性，把事故消除在隐患之中。

瓦斯异常检测可分为三个阶段：

（1）收集瓦斯相关监测数据：收集的数据包括相对稳定的静态环境参数和

由瓦斯监控系统所采集的实时监测数据；

（2）数据处理：主要是对监控系统采集的动态模拟量进行异常信息的提取（异常信息通常是指超过一定范围的数据）；

（3）信息融合：对所提取的异常信息进行综合处理，分析异常产生的原因，判断异常信息是否会导致事故的发生，并采取相应的处理措施。

5.1　异常检测方法

根据异常检测方法的特点可以把异常检测分为两类：静态检测方法和动态检测方法。静态检测方法判断当前监测值是否异常，与前一时间段的监测数据无关，这类方法完全根据当前监测值是否超出预先设定的阈值做出判定。静态检测方法包括恒定阈值检测方法和自适应阈值检测方法。动态检测方法通过相邻监测值之间的变化关系判定当前监测值是否异常，因此需要采集前一段时间监测的数据，若变化幅度超过设定范围则认为发生了异常。动态检测方法可以检测出变化的幅度比监控参数自身变化的范围小得多的细微变化，法包括GLR检测方法、基于指数平滑技术的检测方法、基于小波技术的检测方法等[123-125]。前文所提到的瓦斯异常检测特指使用动态检测方法。

5.1.1　静态检测方法

恒定阈值检测法和自适应阈值检测法是常用的两种静态异常检测方法。

1. 恒定阈值检测法

恒定阈值检测检测法是当前在线瓦斯检测中使用最广泛的一种方法，该方法根据监测值是否超过所设置的静态阈值来判断异常情况的发生，其检测过程如图5.2所示。在瓦斯浓度监测中，通常设置一个固定的阈值，例如，当采煤工作面的瓦斯浓度超过1%时，系统会自动断电并通知人员撤离。

恒定阈值检测法简便易行，但是阈值的选择必须适当。如果阈值设置过高，即放宽了检测的标准，会漏掉一些发生的异常，从而失去了检测的意义；反之，如果阈值设置过低，将导致误报频繁发生，可能掩盖真正的危险信息。

这种方法存在三个问题：第一，难以设置一个合适的阈值；第二，不能识别一些细微的异常变化行为；第三，在不同情况下瓦斯监测参数有较大的波动，对所有情况下设置同一阈值显得过于粗糙。

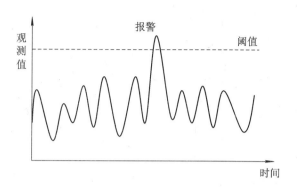

图 5.2　恒定阈值检测法

2. 自适应阈值检测法

自适应阈值检测法并不是对所监测参数设置一个恒定不变的阈值，而是根据监测数据整体变化趋势，在不同的时刻采用不同的阈值，该方法相对于恒定阈值检测法更适应检测条件的变化。自适应阈值检测法包括两个阶段：首先是模型化正常行为，即建立基线；然后建立边界（容许范围），就是建立监测参数正常状态与异常行为的界线[121]。

自适应阈值检测法主要包括对所监测参数的数据序列建立数学模型、不同时刻模型的更新以及容许范围的重新计算。以所采集的采煤工作面上隅角瓦斯浓度监测数据为例，由于在采动影响下不同时刻监测值的波动较大，因此要首先消除监测数据序列中的显著差异性，再选择合适的数学模型拟合所监测数据序列。采集的监测数据可以看做是一个时间序列，其图形就是一条以时间轴为坐标的曲线，反映了数据总体变化的趋势。

模型化正常行为就是采用一系列数据分析技术平滑原始数据，经过阈值处理、信号合成、总体幅度调整和中值过滤等处理过程，生成一条拟合曲线表示监测参数的正常行为。该步骤通过对监测数据时间序列的分析和平滑，得到了监测数据的趋势和形状，并建立了一个正常状态下的数据基线。然后以正常行为基线作为标准判断下一监测值是否异常，当然不太可能存在完全匹配的两段监测值，因此需要对正常行为基线再加上一定的容许范围，当前监测值与它作比较，如果在容许范围内，则认为监测值是正常的，如果超出容许范围，就是异常的。

容许范围通常由监测数据序列的标准差得到。一般情况下，在正常行为基线上增加 2～3 个标准差作为正常行为的上界，在正常行为基线上减去 2～3 个标准差作为正常行为的下界，建立的容许范围如图 5.3 中的虚线所示。

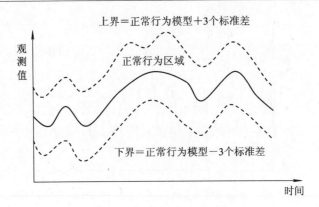

图 5.3　自适应阈值检测方法

5.1.2　动态检测方法

常用的动态检测方法主要包括基于指数平滑技术的检测方法和 GLR 检测方法等。

1. 基于指数平滑技术的检测方法

基于指数平滑技术的检测方法是一种利用指数平滑技术检测异常行为的方法，检测时不需要其他额外信息，仅需要监测序列自身信息。其原理是首先通过指数平滑技术预测得到下一个值的预测值，以此预测值为参照计算它与监测值之间的偏差，若偏差超出一定范围则认为是异常[126, 127]。

简单指数平滑法是一种简单的基于指数平滑的检测方法，适用于序列值围绕自身均值上下随机波动的序列。简单指数平滑预测过程是依据平滑常数 α 进行递推计算的过程，对整个序列进行平滑以后得到的平滑值就是下一个预测值。

简单指数平滑法的检测过程可分为三步。

第一步，根据指数平滑算法预测下一个值。设监测序列为 y_1, y_2, $\cdots$, y_t, m 表示某时间段内的监测次数，$\hat{y}_t$ 表示 t 时刻的预测值，$\hat{y}_{t+1}$ 表示 $t+1$ 时刻的预测值，y_t 表示 t 时刻的实际监测值，则有

$$\hat{y}_{t+1} = \alpha y_t + (1-\alpha)\hat{y}_t \tag{5.1}$$

式中，α 是平滑常数（$0<\alpha<1$），它决定了预测值对过去值的衰减速度，α 越大表示当前值对未来预测值影响越大，即预测值中最近监测值所占的比重越大，过去值的影响越少，则遗忘速度越快。

第二步，计算监测值与预测值之间的误差，其误差定义为

$$d_t = \gamma \mid y_t - \hat{y}_t \mid + (1 - \gamma) d_{t-m} \tag{5.2}$$

式中，d_t 表示 t 时刻预测产生的误差。置信带可以表示为

$$(\hat{y}_t - \delta_- \cdot d_{t-m}, \ \hat{y}_t + \delta_+ \cdot d_{t-m})$$

一般在置信带中取 $\delta_- = \delta_+$。

第三步，判断监测值是否异常。若监测值 y_t 包含在置信区间内，一般就认为 y_t 是正常值，否则为异常值。

参数 α 的初值由下式确定：

$$\alpha = 1 - \exp\left(\frac{\ln(1 - \text{weight}\%)}{\text{times}}\right) \tag{5.3}$$

例如，希望最近 10 次的预测值占 90% 的权重，则有

$$\alpha = 1 - \exp\left(\frac{\ln(1 - 90\%)}{10}\right) = 0.21$$

即 α 取值 0.21。

参数 δ 的取值范围通常为 [2, 3]，选择 2 表示放宽检测标准，可以检测更多异常，但同时误报率也较高，选择 3 会降低误报率，但是可能会忽略一些异常行为，这是互相矛盾的，在具体应用中需要根据实际情况灵活选择[128, 129]。

2. GLR 检测方法

在介绍 GLR(Generalized Likelihood Ratio)检测方法前，首先介绍两个概念：似然函数和似然比检验[130, 131]。

1）似然函数

设 X_1, X_2, $\cdots$, X_n 是来自总体概率密度函数为 $f(x/\theta_1, \theta_2, \cdots, \theta_k)$ 的随机样本，其中 θ_1, θ_2, $\cdots$, θ_k 是未知参数。估计这些参数的一种方法就是找到由 $f(x/\hat{\theta}_1, \hat{\theta}_2, \cdots, \hat{\theta}_k)$ 产生的样本监测值出现的概率最大的 $\hat{\theta}_1$, $\hat{\theta}_2$, $\cdots$, $\hat{\theta}_k$ 的值。

随机样本的联合概率密度函数 $f(x_1, x_2, \cdots, x_n/\theta_1, \theta_2, \cdots, \theta_k)$ 称做似然函数，记作 $L(\theta/x)$。当 $\{X_t\}$ 为独立同分布的随机样本时，则有

$$L(\theta/x) = L(\theta_1, \theta_2, \cdots, \theta_k/x_1, x_2, \cdots, x_n) = \prod_{i=1}^{n} f(x_i/\theta_1, \theta_2, \cdots, \theta_k) \tag{5.4}$$

例如，正态分布的似然函数为

$$L = L(\mu, \sigma^2/x_1, x_2, \cdots, x_n) = \frac{1}{(2\pi\sigma^2)^{\frac{n}{2}}} \exp\left\{-\frac{1}{2\sigma^2} \sum_{i=1}^{n} (x_i - \mu)^2\right\}$$

式中，σ^2 和 μ 分别表示随机变量 ξ 的方差和均值。

2）似然比检验

考虑假设检验问题，即

$$H_0 : \theta = \theta_0 \leftrightarrow H_1 : \theta = \theta_1 (\theta_0 \neq \theta_1) \tag{5.5}$$

当原假设 H_0 成立时，样本真实密度为 $f(x;\theta_0)$；当假设 H_1 成立时，样本真实密度为 $f(x;\theta_1)$。对给定的样本值 x，$L(\theta_i, x) = f(x;\theta_i)$，可以作为当参数 θ_i 出现时样本值 x 有多大可能的一种度量，即 θ_i 的似然度（$i = 0, 1$）。比值

$$\lambda = \frac{f(x, \theta_1)}{f(x, \theta_0)}$$

称为似然比。λ 越大，参数 θ 较可能是 θ_1；反之，参数 θ 较可能是 θ_0。可见，λ 越大就倾向于 H_1 成立，当比值 λ 超过某个界限 T 时，拒绝原假设 H_0 而接受 H_1。

统计量

$$\lambda = \frac{f(x, \theta_1)}{f(x, \theta_0)}$$

称为检验问题的似然比统计量，形如

$$\varphi(x) = \begin{cases} 1, & \lambda(x) > T \\ 0, & \lambda(x) \leqslant T \end{cases}$$

的检验称为检验问题的似然比检验。

GLR 检测方法首先选取检测序列中相邻的两段作为滑动时间窗，假定每个滑动窗口内的局部监测值序列是平稳的，则每个滑动窗口序列可应用时间序列理论中的自回归模型拟合。常用 AR(2) 模型进行拟合，其形式为

$$X_t = \varphi_1 X_{t-1} + \varphi_2 X_{t-2} + \alpha_t \tag{5.6}$$

式中，$\{X_t\}$ 表示检测序列，α_t 是残差项，φ_1 和 φ_2 是两个待定系数。由于 $R(t)$ 和 $S(t)$ 都是局部的，所以 α_t 是一个独立正态分布的随机变量[127]。

在检测过程中两个时间窗逐步向前滑动，滑动的同时应用似然比检验方法检验两个滑动时间窗之间是否发生异常变化。首先根据两个窗口中时间序列残差的似然比计算出一个统计量，通过取对数得到对数似然比。当对数似然比超过预先设定的阈值 T 时，认为两窗口之间有异常发生，窗口之间的边界点就是发生异常的异常点，反之，就不是异常点。其具体检测过程如下：

取 $R(t)$、$S(t)$ 作为滑动时间窗，$R(t)$、$S(t)$ 是时间序列 $\{X_t\}$ 中相邻的两段，长度分别是 N_R、N_S，如图 5.4 所示。

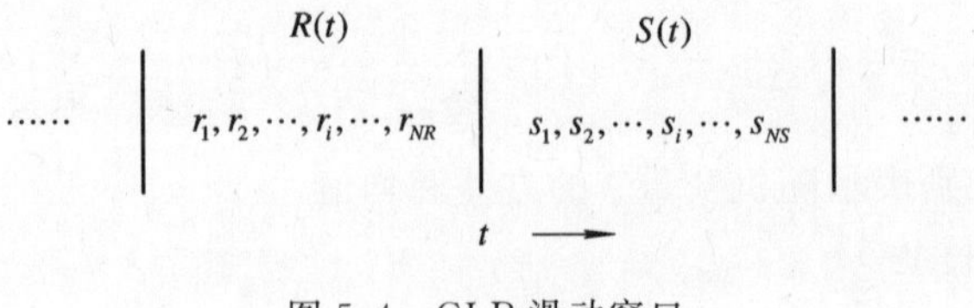

图 5.4　GLR 滑动窗口

其中，$R(t) = \{r_1, r_2, \cdots, r_{NR}\}$，用 μ 表示 $R(t)$ 的均值，即

$$\mu = \frac{1}{N_R} \sum_{i=1}^{N_R} r_i(t) \tag{5.7}$$

这里如果假定 $\tilde{r}_i(t) = r_i(t) - \mu$，则 $\tilde{r}_i(t)$ 就是一个均值为零、长度为 N_R 的序列，当 N_R 较小时该序列可近似地认为是平稳的，则 $\tilde{r}_i(t)$ 可以模型化为残差为 $\varepsilon_i(i=1, \cdots, N_R)$ 的 AR(2) 模型，即

$$\varepsilon_i(t) = \sum_{k=0}^{2} \alpha_k \tilde{r}_i(t-k) \tag{5.8}$$

式中，α_k 是 AR(2) 的参数，$\varepsilon_i(t)$ 是白噪声，且满足 $N(0, \sigma_R^2)$，则 $\varepsilon_i(t)$ 的似然函数为

$$p(\varepsilon_3, \varepsilon_4, \cdots, \varepsilon_{N_R} / \alpha_0, \alpha_1, \alpha_2) = \left(\frac{1}{\sqrt{2\pi\sigma_R^2}}\right)^{N'_R} \exp\left(\frac{-N'_R \hat{\sigma}_R^2}{2\sigma_R^2}\right) \tag{5.9}$$

这里 σ_R^2 是残余 $\varepsilon_i(t)$ 的方差，$N'_R = N_R - 2$，$\hat{\sigma}_R^2$ 是 σ_R^2 的协方差估计。利用最大似然比估计方法估计 σ_R^2 的协方差 $\hat{\sigma}_R^2$[132]：

$$\hat{\sigma}_R^2 = \alpha' \boldsymbol{C} \alpha \tag{5.10}$$

式中，$\alpha = (1, \alpha_1, \alpha_2)$，$\boldsymbol{C} = [c_{ij}]$ 是 (3×3) 阶的协方差矩阵，且

$$c_{ij} = \frac{1}{N'_R} \sum \tilde{r}_{t-i} \tilde{r}_{t-j} \qquad i, j = 0, 1, 2 \tag{5.11}$$

类似地，对 $S(t)$ 也可以得到其似然函数：

$$p(\varepsilon_3, \varepsilon_4, \cdots, \varepsilon_{N_S} / \beta_0, \beta_1, \beta_2) = \left(\frac{1}{\sqrt{2\pi\sigma_S^2}}\right)^{N'_S} \exp\left(\frac{-N'_S \hat{\sigma}_S^2}{2\sigma_S^2}\right) \tag{5.12}$$

其中，β_0、β_1、β_2 表示模型化 $S(t)$ 时 AR(2) 的参数，σ_S^2 是残余 $\varepsilon_i(t)$ 的方差，$N'_S = N_S - 2$，$\hat{\sigma}_S^2$ 是 σ_S^2 的协方差估计。由式 (5.9) 和式 (5.12) 可以求出它们的似然比：

$$l = \left(\frac{1}{\sqrt{2\pi\sigma_R^2}}\right)^{N'_R} \left(\frac{1}{\sqrt{2\pi\sigma_S^2}}\right)^{N'_S} \exp\left(\frac{-N'_R \hat{\sigma}_R^2}{2\sigma_R^2}\right) \exp\left(\frac{-N'_S \hat{\sigma}_S^2}{2\sigma_S^2}\right) \tag{5.13}$$

使用得到的似然比 l 进行检验，设 H_0 表示两个滑动窗之间无异常产生，而 H_1 表示两窗口产生了异常，为了便于表示分别定义

$$\alpha_R = (\alpha_0, \alpha_1, \alpha_2)$$

$$\alpha_S = (\beta_0, \beta_1, \beta_2)$$

则在无异常发生的假设 H_0 情况下，有

$$\alpha_R = \alpha_S$$

$$\alpha_R^2 = \alpha_S^2 = \alpha_2^2 \tag{5.14}$$

式中，σ_2^2 表示公共方差。其假设有异常，则

$$\alpha_R \neq \alpha_S \tag{5.15}$$
$$\alpha_R^2 \neq \alpha_S^2$$

将式（5.14）和式（5.15）代入式（5.13）可得 l_{H0} 和 l_{H1}，则最终可得似然比为

$$\lambda = \sigma_2^{-(N_R' + N_S')} \sigma_R^{N_R'} \sigma_R^{N_S'} \exp\left(\frac{-\hat{\sigma}_2^2 (N_R' + N_S')}{2\sigma_2^2} + \frac{1}{2} \left[\frac{N_R' \hat{\sigma}_R^2}{\sigma_R^2} + \frac{N_S' \hat{\sigma}_S^2}{\sigma_S^2} \right] \right) \tag{5.16}$$

两边取对数计算似然比对数：

$$-\ln\lambda = N_R'(\ln\hat{\sigma}_2 - \ln\hat{\sigma}_R) + N_S'(\ln\hat{\sigma}_2 - \ln\hat{\sigma}_S) \tag{5.17}$$

取对数并不改变函数的单调性，因此似然比 λ 取对数不会影响检测结果。选取一个适当的阈值 h，当 $-\ln\lambda > h$ 时，即表示两个窗口之间发生了异常；当 $-\ln\lambda \leqslant h$ 时，则表示两窗口之间无异常发生。

GLR 检测方法的检测能力强，应用范围较为广泛，但该方法计算过程复杂，计算量相对较大，存在一定的时间延迟，因此不适宜于实时在线检测。

5.2　GMAR 异常检测算法

GLR 检测方法是从监测数据中取出两段长度相同的相邻数据作为滑动窗口，前一个作为参考窗口，后一个作为检测窗口，分别进行 AR 拟合，计算各自残差序列的协方差估计，最后合成一个统计量来判定是否发生异常。这种方法的不足之处在于对短时间内发生突变的异常检测效果差，并且具有一定的延迟。

对于井下瓦斯监控系统来说，监测数据的异常突变预示了隐患的存在，一段时间的延迟可能已经导致了事故的发生。能够实时检测是井下监控系统检测算法的最基本要求，理想情况下检测算法还应具有一定的预警功能。

本节提出了一种基于灰色预测和自回归模型的实时瓦斯异常检测方法——GMAR(Grey Model Autoreg Ressive)异常检测方法。与 GLR 检测算法使用两个滑动窗之间的统计量不同，GMAR 检测算法采用待检测点和参考滑动窗之间的统计量作为决策函数，用前面一段时间监测数据序列组成的滑动窗口考察下一监测数据是否发生异常突变，消除了 GLR 检测中的时间延迟。

GMAR 检测算法的主要思想是：首先从采集的瓦斯监测数据序列中选择最近一段长度为 n 的数据作为预测滑动窗口，建立 GM 预测模型，预测下一时刻的监测值；然后选择长度为 N 的数据序列和预测值共同组成决策滑动窗口

($n \neq N$)并建立 AR 模型，应用似然比估计求出预测值与滑动窗口之间的残差比作为决策函数进行异常判断。GMAR 检测算法适用于短期内瓦斯突发异常的实时检测，并且可以预测下一时间瓦斯的异常情况。

5.2.1　灰色预测建立

灰色系统是邓聚龙教授提出的一种系统理论方法，其主要优点是通过一系列数据生成方法(直接累加法、移动平均法、加权累加法、遗传因子法、自适性累加法等)，将原本规律性不强的原始数据序列转变为具有明显的规律性的数据序列，解决了数学界一直认为不能解决的微积分方程建模问题。使用灰色系统理论对矿井瓦斯监测数据进行预测，不仅具有高度的概括性，而且提高了预测精度，具有明显的确定性[68]。

本课题选用一阶的 1 个变量的灰色系统理论微分方程模型(GM(1，1)模型)作为预测模型，GM(1，1)模型是灰色预测模型的核心，其优点在于只需要少量数据就可以建立模型。GM(1，1)建模首先通过数据的累加使得规律性不强的原始数列转变为近似按指数规律变化的生成数列，再将生成数列的预测值通过累减还原成原始数列的预测值[133]。

在进行监测参数的灰色预测时，首先选择一个长度为 n 的滑动窗口作为灰色预测的灰色建模数据，可以采用比较不同 n 值 GM 模型的最小方差选择合适的 n 值。当有新数据加入滑动窗口时，最旧的一个监测数据被删除，滑动窗口完成一次更新，重新建立 GM(1，1)模型进行下一个值的预测。

设 $x^{(0)}$ 表示滑动窗口中的数据序列，$x^{(0)} = \{x_1^{(0)}, \cdots, x_n^{(0)}\}$，其中 n 表示窗口长度。首先对 $x^{(0)}$ 进行一次累加生成(1-AGO)，累加生成处理数据列 $x_k^{(1)}$ 的表达式为

$$x_k^{(1)} = \sum_{i=1}^{k} x_j^{(0)} \qquad k = 1, 2, \cdots, n \qquad (5.18)$$

令 $x^{(1)}$ 为生成序列，$x^{(1)} = \{x_1^{(1)}, x_2^{(1)}, \cdots, x_n^{(1)}\}$，以生成序列 $x^{(1)}$ 为基础建立的灰色生成模型的白化方程为

$$\frac{\mathrm{d}x^{(1)}}{\mathrm{d}t} + ax^{(1)} = u \qquad (5.19)$$

式(5.19)称为一阶灰色微分方程，记为 GM(1，1)，其中 a、u 为待定参数。

设 $\hat{a}$ 为参数向量，$\boldsymbol{B}$ 为灰色序列矩阵，且

$$\hat{a} = [a, u]^{\mathrm{T}}$$

$$\boldsymbol{B} = \begin{bmatrix} - z_2^{(1)} & 1 \\ - z_3^{(1)} & 1 \\ \vdots & \vdots \\ - z_n^{(1)} & 1 \end{bmatrix}$$

$$\boldsymbol{y}_n = [\, x_2^{(0)}, \ x_3^{(0)}, \cdots, \ x_n^{(0)} \,]^{\mathrm{T}}$$

$$z_k^{(1)} = \frac{1}{2} [\, x_{k-1}^{(1)} + x_k^{(1)} \,] \qquad k = 2, 3, \cdots, n$$

在最小二乘法准则下,有

$$\hat{\boldsymbol{a}} = (\boldsymbol{B}^{\mathrm{T}} \boldsymbol{B})^{-1} \boldsymbol{B}^{\mathrm{T}} \boldsymbol{y}_n = \begin{bmatrix} a \\ u \end{bmatrix} \tag{5.20}$$

将 $\boldsymbol{B}$、$\boldsymbol{y}_n$ 代入式(5.20)计算出 a、u 的值,可得白化方程的时间响应式为

$$\hat{x}_{k+1}^{(1)} = \left[x_1^{(0)} - \frac{u}{a} \right] \mathrm{e}^{-ak} + \frac{u}{a} \tag{5.21}$$

对 $\hat{x}_{k+1}^{(1)}$ 进行一次累减生成得 $\hat{x}_{k+1}^{(0)}$,即

$$\hat{x}_{k+1}^{(0)} = \hat{x}_{k+1}^{(1)} - \hat{x}_k^{(1)} \tag{5.22}$$

当 $k=1, 2, \cdots, n$ 时,即得到原始监测序列的拟合值;令 $k=n+1$,得到原始序列一步预测值,依次可得多步预测值。

5.2.2 自回归 AR 模型拟合

井下瓦斯监控系统所监测的各种参数在地质条件以及采动的影响下,随时间不断地发生变化,从总体上看整个数据序列是非平稳的,但是一个时间段内局部的监测值序列可以看做是平稳的,因此可以用 AR 模型对局部监测值序列进行拟合,从而求出各个监测数据的残差,这个残差序列是一个独立正态分布序列[127]。

用 $S(t) = \{y_{t+1}, \cdots, y_{t+N}\}$ 表示监测序列中的时间滑动窗,如图 5.5 所示,时间窗窗口大小为 N,其中 y_{t+N} 表示当前时刻监测量的观测值,y_{t+N+1} 表示下一时刻的预测值。

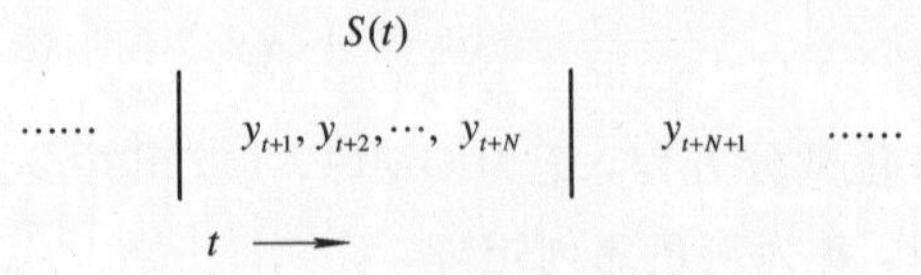

图 5.5 GMAR 检测滑动窗口

1. 零均值化

第一步是要对滑动窗中的数据序列进行零均值化处理。尽管总体上看，瓦斯监测数据的监测值序列是非平稳的，但是可以在局部范围内把它视为一个平稳序列，即滑动窗口中数据可以看作是平稳的。滑动窗口长度为 N，以窗口内的 N 个数建立自回归（AR）模型，通过该模型预测下一时间点的监测值，并判断此预测值是否异常。建立 AR 模型前，首先对时间窗内的 N 个数进行零均值化。用 $\bar{y}$ 表示 N 个数的平均值，则有

$$\bar{y} = \frac{1}{N} \sum_{k=1}^{N} y_{t+k} \tag{5.23}$$

设

$$x_k = y_{t+k} - \bar{y} \qquad k = 1, 2, \cdots, N$$

那么 $x_1, x_2, \cdots, x_N$ 是一个零均值时间序列。

2. AR 模型拟合

在拟合之前首先要确定两个参数，即 AR 模型阶数 p 和滑动窗大小 N。

自回归模型 AR(p)拟合时间序列时，其准确性可以用 Akaike 的最终预测误差（FPE）准则来衡量，对应最小 FPE 的 AR 的阶数 p 就是最佳的模型阶数[134]。当自回归模型 AR(p)的阶数 p 增大时，参数估计的计算量几何增长，而瓦斯异常检测要求实时检测，所以不应选择过大的 p 值。在实际应用中 AR 模型的阶数一般不超过 2，基于上述考虑，选择常用的二阶自回归模型 AR(2)，即 $p=2$。

由于监测值序列一般是非平稳的，而假定滑动时间窗内的局部数据序列是平稳的，N 越大滑动窗口中的数据序列越趋于不平稳，为了保证假设的合理性，窗口大小 N 不应该太大，N 越大所拟合的 AR 模型将越不准确。此外，用自回归模型 AR(p)拟合时间序列时，为了确保拟合准确性，AR 的阶数 p 与序列的长度 N 必须满足下面的约束条件：

$$0 \leqslant p \leqslant 0.1N$$

因此选择满足约束条件的最小 N 值，即 $N=20$。

零均值后的滑动窗口中监测序列 $\{x_1, x_2, \cdots, x_N\}$ 是平稳的，那么可以用 AR(2)模型进行拟合。AR(2)模型为

$$x_t = \varphi_1 x_{t-1} + \varphi_2 x_{t-2} + a_t \tag{5.24}$$

这里 φ_1 和 φ_2 表示 AR(2)的系数参数，a_t 是正态白噪声序列，即 $a_t \sim \mathrm{NID}(0, \sigma_a^2)$。参数估计就是按照一定的方法估计出模型参数 φ_1、φ_2 及 σ_a^2，由于有

$$a_t = x_t - \varphi_1 x_{t-1} - \varphi_2 x_{t-2} \tag{5.25}$$

$$\sigma_a^2 = \frac{1}{N-2} \sum_{t=3}^{N} x_t - \varphi_1 x_{t-1} - \varphi_2 x_{t-2} \tag{5.26}$$

一旦估计出 φ_1 和 φ_2，就可以按照式(5.24)估计出 σ_a^2，因此 AR(2)模型的参数估计就是对 φ_1 和 φ_2 的估计。

参数估计的方法包括：最小二乘法、解 Yule-Walker 方程法、Ulrych-Clayton 法、LUD 法、Burg 法等。其中用最小二乘法进行参数估计最为简单，并且参数估计无偏、精度高。最小二乘法可表示为如下方程：

$$\boldsymbol{Y} = \boldsymbol{X}\boldsymbol{\Phi} + \boldsymbol{a} \tag{5.27}$$

式中：

$$\boldsymbol{Y} = \begin{bmatrix} x_3 & x_4 & \cdots & x_N \end{bmatrix}^T$$

$$\boldsymbol{\Phi} = \begin{bmatrix} \varphi_1 & \varphi_2 \end{bmatrix}^T$$

$$\boldsymbol{a} = \begin{bmatrix} a_3 & a_4 & \cdots & a_N \end{bmatrix}^T$$

$$\boldsymbol{X} = \begin{bmatrix} x_2 & x_1 \\ x_3 & x_2 \\ \vdots & \vdots \\ x_{N-1} & x_{N-2} \end{bmatrix}$$

那么系数 $\boldsymbol{\Phi}$ 的最小二乘估计为

$$\boldsymbol{\Phi} = (\boldsymbol{X}^T \boldsymbol{X})^{-1} \boldsymbol{X}^T \boldsymbol{Y} \tag{5.28}$$

而且

$$\boldsymbol{X}^T \boldsymbol{X} = \begin{bmatrix} \sum_{t=2}^{N} x_t^2 & \sum_{t=2}^{N} x_t x_{t-1} \\ \sum_{t=2}^{N} x_t x_{t-1} & \sum_{t=2}^{N} x_{t-1}^2 \end{bmatrix}, \quad \boldsymbol{X}^T \boldsymbol{Y} = \begin{bmatrix} \sum_{t=3}^{N} x_t x_{t-1} \\ \sum_{t=3}^{N} x_t x_{t-2} \end{bmatrix}$$

以上是对 AR(2)参数的估计，从上述公式可以看到，AR(2)参数可以根据时间序列的直接线性估计而得到。

5.2.3　GMAR 检测函数

用 B 表示一步后移算子，即 $x_{t+i+1} = B x_{t+i}$。令 $\varphi(B) = 1 - \varphi_1 B - \varphi_2 B^2$，则由式(5.25)可得

$$a_{t+i} = x_{t+i} - \varphi_1 B x_{t+i} - \varphi_2 B^2 x_{t+i} = \varphi(B) x_{t+i} \qquad (5.29)$$

引入参数 w_i 判断 x_{t+i} 是否异常，令

$$\varphi(B) x_{t+i} = a_{t+i} + w_i \qquad (5.30)$$

式中，w_i 是衡量 x_{t+i} 是否异常的标志。当 $w_i = 0$ 时，x_{t+i} 为正常点；当 $w_i \neq 0$ 时，x_{t+i} 为异常点。

假定 $S(t)$ 中各项都是正常点，那么

$$\varphi(B) x_{t+i} = a_{t+i} \qquad i = 1, \cdots, N$$

$$\varphi(B) x_{t+N+1} = a_{t+N+1} + w_{t+N+1}$$

x_{t+N+1} 是异常点的充分必要条件是 $w_{t+N+1} \neq 0$。因此对服从正态分布的残差序列 $a_{t+1}, a_{t+2}, \cdots, a_{t+N+1}$ 可以应用似然比检验方法，欲检验假设

$$H_0 : w_{t+N+1} = 0 \Leftrightarrow H_1 : w_{t+N+1} \neq 0$$

即在 H_0 假设下，有

$$\varphi(B) x_{t+i} = a_{t+i} \qquad i = 1, \cdots, N, N+1$$

在 H_1 假设下，有

$$\varphi(B) x_{t+i} = a_{t+i} \qquad i = 1, \cdots, N$$

$$\varphi(B) x_{t+N+1} = a_{t+N+1} + w$$

由于 $a_{t+1}, a_{t+2}, \cdots, a_{t+N+1}$ 是正态分布，其密度分布函数是

$$f(\mu, \sigma^2 / a_{t+1}, a_{t+2}, \cdots, a_{t+N+1}) = \frac{1}{(2\pi\sigma^2)^{(N+1)/2}} \exp\left\{ -\frac{1}{2\sigma^2} \sum_{i=1}^{N+1} (a_{t+i} - \mu)^2 \right\}$$

$$(5.31)$$

那么，μ 和 σ^2 的最大似然估计分别是

$$\mu_{\mathrm{M}} = \mu, \ \sigma_{\mathrm{M}}^2 = \frac{1}{N+1} \sum_{i=1}^{N+1} (a_{t+i} - \mu)^2 \qquad (5.32)$$

在假设 H_0 时，μ 和 σ^2 的最大似然估计分别是

$$\mu_0 = \mu, \ \sigma^2 = \frac{1}{N+1} \sum_{i=1}^{N+1} (a_{t+i} - \mu_0)^2 \qquad (5.33)$$

在 H_1 假设下，μ 和 σ^2 的最大似然估计分别是

$$\mu = \frac{1}{N} \left(w + \sum_{i=1}^{N+1} a_{t+i} \right) = \frac{w}{N+1}$$

$$\sigma^2 = \frac{1}{N+1} \sum_{i=1}^{N+1} (a_{t+i} - \mu)^2 \qquad (5.34)$$

于是，可以得到

$$\lambda = \frac{f_{H_1}}{f_{H_0}} = \left[\frac{\sum_{i=1}^{N+1} (a_{t+i} - \mu)^2}{\sum_{i=1}^{N+1} (a_{t+i} - \mu_0)^2} \right]^{-\frac{N+1}{2}} = \left(1 + \left(\frac{\mu - \mu_0}{\sigma} \right)^2 \right)^{\frac{N+1}{2}}$$

$$= \left(1 + \left(\frac{1}{N+1} \right)^2 \left(\frac{w}{\sigma} \right)^2 \right)^{\frac{N+1}{2}}$$

其中的 N 是常数，所以这里似然比 λ 是 w/σ 的单调函数，那么决策函数可以定义为

$$\mathrm{DG}_t(N+1) = \frac{w}{\sigma}$$

根据 Box 和 Jerkins，w 的估计是 a_{t+N+1}，σ^2 的估计是[135]

$$\hat{\sigma}_a^2 = \frac{a_{t+1}^2 + a_{t+2}^2 + \cdots + a_{t+N}^2}{N} \tag{5.35}$$

所以，异常检测函数即为

$$\mathrm{DF}_t(N+1) = \frac{a_{t+N+1}}{\hat{\sigma}_a} \tag{5.36}$$

对于均值化后的滑动窗口和预测值数据序列 $\{x_{t+1}, x_{t+2}, \cdots, x_{t+N}, x_{t+N+1}\}$，用上节所求的 AR(2) 模型拟合，得到残差序列 $a_{t+1}, a_{t+2}, \cdots, a_{t+N}, a_{t+N+1}$。$\hat{\sigma}_a^2$ 是表示时间序列中 N 个相应的残差 a_t 平方和的平均值，决策函数 $\mathrm{DG}_t(N+1)$ 表示序列当中当前观测值的残差与 $\hat{\sigma}_a^2$ 比值。

计算前一时间段内各点的异常检测统计量得到决策值序列 DG_t，以 DG_t^+ 和 DG_t^- 分别表示 DG_t 中的正值和负值组成的序列，它们的个数分别为 m 和 n，λ^+ 和 λ^- 分别表示它们的平均值，σ^+ 和 σ^- 分别表示它们的标准差，根据通常习惯定义决策函数的正常容许范围为 $[\lambda^- - 3\sigma^-, \lambda^+ + 3\sigma^+]$，若超出这个范围则认为是异常点。

一般说来，对 $\mathrm{DG}_t(N+1) > \lambda^+ + 3\sigma^+$ 的情形，意味着异常值比正常值大，决策函数的大小表示偏离程度的大小；对 $\mathrm{DG}_t(N+1) < \lambda^- - 3\sigma^-$ 的情形，则意味着异常值比正常值小，决策函数越小，同样说明异常值偏离正常值越远。

通过对各种瓦斯监控参数的异常监测可以得到单个监测参数的异常信息，而单个参数发生异常并不一定代表井下安全生产事故的发生。要进行井下监测的异常报警，仅仅监测一种参数的异常行为是不够的，往往还需要监测多个变量的异常行为，把多个变量的异常信息融合起来，最后才能发出报警通知。这是 GMAR 模型下一步的发展方向。

5.3　实　例　分　析

5.3.1　正常状态下 GMAR 异常检测

1. 数据获取

阳煤集团三矿是一个由多井口组成的大型高瓦斯煤矿，拥有可采储量为
1.05 亿吨，矿井核定生产能力为 300 万吨。该矿区地处马家坡季节性河流东北
部，官沟、沙湾村西北部的山沟、山梁地带。井田整体为一向背斜相间的褶
皱构造，煤层倾角（1°～28°）平均为 5°，主要由光亮型、半亮型及亮煤条带组
成。该矿井田煤层埋藏较深，埋藏深度为 270～487 m，平均埋深 397 m 左右。
8404 工作面是目前该矿的主采工作面，工作面煤层总厚 6.45 m，净煤厚
6.21 m，属于稳定的厚煤层。该矿为高瓦斯矿井，8404 工作面的绝对瓦斯涌出
量为65.0 m^3/min，相对瓦斯涌出量为 6.0 m^3/t。

8404 工作面采用 U＋I 的通风方式，根据其通风方式的特点选取了上隅角
瓦斯浓度、工作面回风（40）瓦斯浓度、工作面尾巷瓦斯浓度三个对井下工作环
境安全性影响较大的瓦斯浓度监测参数和工作面回风温度作为异常检测的输入
数据。

该矿采用 KJ2000 瓦斯监控系统，从系统中提取了 09 年 5 月 23 日到 27 日
连续 5 天的同一周期下的四种参数的监测数据序列，采样数据的时间间隔是
5 min，以时间段内的最大值作为监测数据原始取样，建立原始数据监测序列
图，X 轴表示监测数据的采集时刻，Y 轴代表监测参数的取值，如图 5.6 所示。

2. 预处理

数据预处理主要是指去除所获取数据中的噪声，增强有用的信息，使信息
净化的处理过程。预处理技术可以改进数据的质量，提高其后检测过程的精度
和性能。由于井下监测环境的复杂性以及传感器的不精确性，使得监测数据具
有模糊性和不确定性，监测数据的数值差异可能很大，这就会对异常检测的结
果产生一定的影响。因此在进行异常检测之前，需要对所采集的原始数据进行
预处理。

受到工作时间和工作规律的影响，瓦斯监测数据呈现出一定程度的以天为周
期的规律波动。从图 5.6 中可以看出，工作面回风（40）瓦斯浓度、工作面回风温
度有较强的周期性波动，而上隅角瓦斯浓度、工作面尾巷瓦斯浓度波动的周期性
较弱。为了保证检测的准确性，需要在异常检测之前消除周期性波动的影响。

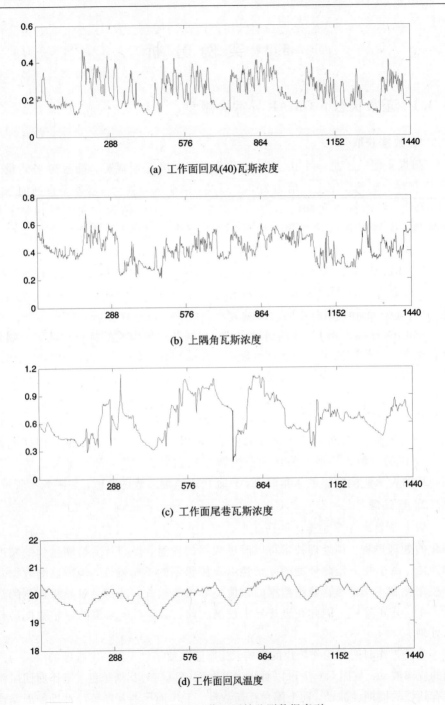

(a) 工作面回风(40)瓦斯浓度

(b) 上隅角瓦斯浓度

(c) 工作面尾巷瓦斯浓度

(d) 工作面回风温度

图 5.6　8404 工作面原始监测数据序列

使用公式 $y_i = S_i - \alpha_{i\%N}$ 进行消除周期波动的转换公式，式中 i 表示监测时间点，N 表示一天的数据采集个数，S_i 表示原始监测序列，$\alpha_{i\%N}$ 每天各时间点的平均监测值，y_i 表示去除周期波动并零均值化处理后的数据序列。图 5.7 是四种监测序列每天各时刻的平均监测值零均值化后的数据。

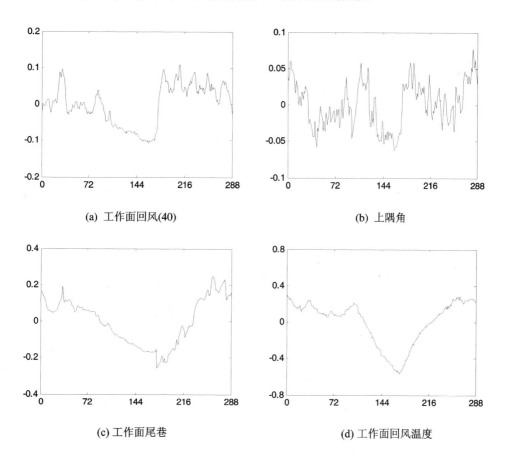

(a) 工作面回风(40)　　　　　　　(b) 上隅角

(c) 工作面尾巷　　　　　　　　(d) 工作面回风温度

图 5.7　8404 工作面监测参数日平均值

原始监测数据序列中某些变量的变化或分布范围比较大，这些变量将会完全主导模式识别结果，从而屏蔽了其他因子的影响，因此原始数据在输入模式识别之前必须进行零均值化处理。处理后监测序列的振幅明显减小，去除周期性波动和零均值化处理后的监测序列如图 5.8 所示。

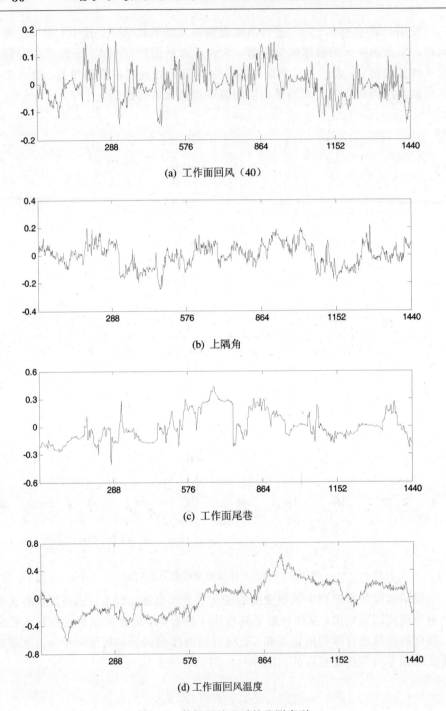

(a) 工作面回风（40）

(b) 上隅角

(c) 工作面尾巷

(d) 工作面回风温度

图 5.8　数据预处理后的监测序列

3. 异常突变检验

GMAR 检测算法采用分步 GM(1，1)对监测数据序列进行预测，预测的数据序列如图 5.9 所示。

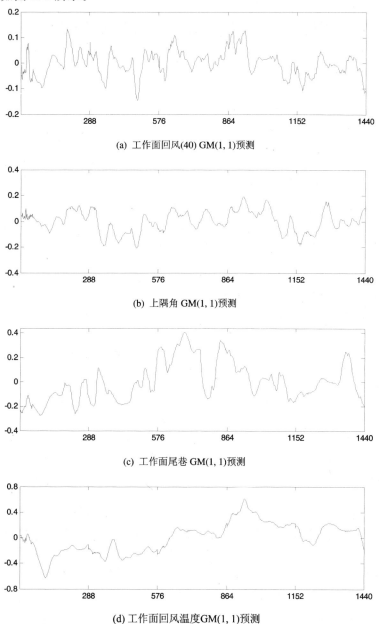

(a) 工作面回风(40) GM(1，1)预测

(b) 上隅角 GM(1，1)预测

(c) 工作面尾巷 GM(1，1)预测

(d) 工作面回风温度 GM(1，1)预测

图 5.9　监测数据 GM(1，1)预测数据序列

图 5.10 是 GMAR 检测算法对所采集的监测序列处理后的检测结果。

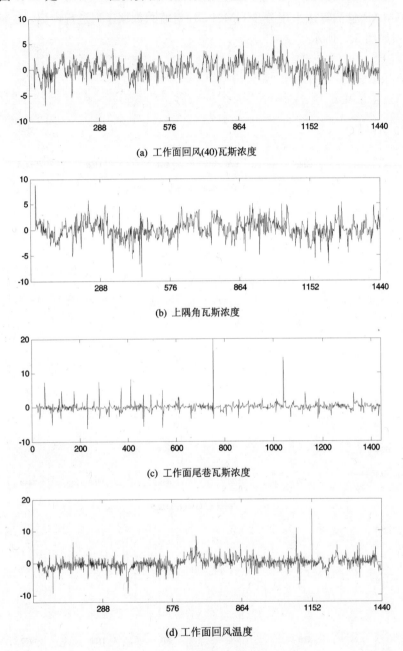

(a) 工作面回风(40)瓦斯浓度

(b) 上隅角瓦斯浓度

(c) 工作面尾巷瓦斯浓度

(d) 工作面回风温度

图 5.10 GMAR 算法决策序列

以工作面回风(40)瓦斯浓度为例,将决策序列按正负组成分为两类 λ^+ 和 λ^-,则它们的平均值和标准差分别为

$$\bar{\lambda}^+ = \frac{1}{m} \sum_{i=1}^{m} \lambda_i^+ = 1.1476$$

$$\sigma^+ = \sqrt{\frac{1}{m-1} \left(\sum_{i=1}^{m} (\lambda_i^+ - \bar{\lambda}^+)^2 \right)} = 1.0761$$

$$\bar{\lambda}^- = \frac{1}{n} \sum_{i=1}^{n} \lambda_i^- = -1.1633$$

$$\sigma^- = \sqrt{\frac{1}{n-1} \left(\sum_{i=1}^{n} (\lambda_i^- - \bar{\lambda}^-)^2 \right)} = 1.1642$$

据此计算出 8404 工作面回风(40)此段时间内的瓦斯浓度容许范围为 $[-4.66 \ 4.38]$,由此可以检测出异常点为 $t=66$、176、886、1010、1200。同样的方法可以检测出,当 $t=22$、342、460、1228 时,上隅角瓦斯浓度有异常突变的趋势;当 $t=55$、232、280、412、543、752、1040 时,工作面尾巷瓦斯浓度有异常突变的趋势;当 $t=82$、167、396、679、1089、1102、1153、1348 时,工作面回风温度变化异常。

这里只是对各种监测参数分别进行了检测,如果综合多个参数的检测信息,可以得到更准确的报警信息,这也是本课题下一步的研究方向。

5.3.2　瓦斯突出前 GMAR 异常检测

上一节使用 GMAR 算法对正常状态下的监测数据序列进行异常检测,结果表明 GMAR 异常检测算法可以检测出异常状态的发生。下面以 2000 年 5 月 26 日 11:57 淮南潘一矿掘进工作面发生的突出事故为例研究 GMAR 模型对事故的检测效果。

在发生突出事故之前,瓦斯浓度一直在规定的浓度范围内,瓦斯最大浓度未超过 0.7%。对监测到的事故发生前该工作面的瓦斯浓度数据进行分析发现,在突出事故发生前的 2.5 h 内,瓦斯浓度监测数据出现了异常波动,监测数据如图 5.11 所示。采样数据的时间间隔是 1 min,采样时间为 2000 年 5 月 26 日 9:29~11:59,X 轴代表监测数据的采集时刻,Y 轴代表瓦斯浓度的监测值。

由于井下监测环境的复杂性以及传感器的不精确性,使得监测数据具有模糊性和不确定性,监测数据的数值差异可能很大,这就会对异常检测的结果产生一定的影响。因此在进行异常检测之前,需要对所采集的原始数据进行预处

理。原始监测数据序列中某些变量的变化或分布范围比较大，这些变量将会完全主导模式识别结果，从而屏蔽了其他因子的影响，因此原始数据在输入模式识别之前必须进行零均值化处理。处理后采用 GMAR 检测算法采用分步 GM(1，1)对监测数据序列进行预测，预测的数据序列如图 5.12 所示。

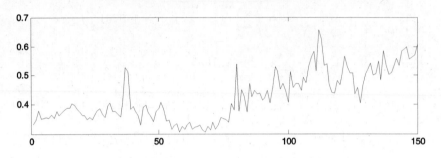

图 5.11　掘进工作面突出前瓦斯浓度监测数据序列

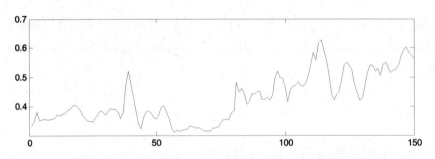

图 5.12　监测数据 GM(1，1)预测数据序列

根据 GMAR 检测算法对处理后的瓦斯浓度监测序列进行处理，得到图 5.13 所示的检测函数序列分析曲线。将决策序列按正负组成分为两类 λ^+ 和 λ^-，则它们的平均值和标准差分别为

$$\bar{\lambda}^+ = \frac{1}{m} \sum_{i=1}^{m} \lambda_i^+ = 1.1476$$

$$\sigma^+ = \sqrt{\frac{1}{m-1} \sum_{i=1}^{m} (\lambda_i^+ - \bar{\lambda}^+)^2} = 1.0761$$

$$\bar{\lambda}^- = \frac{1}{n} \sum_{i=1}^{n} \lambda_i^- = -1.1633$$

$$\sigma^- = \sqrt{\frac{1}{n-1} \sum_{i=1}^{n} (\lambda_i^- - \bar{\lambda}^-)^2} = 1.1642$$

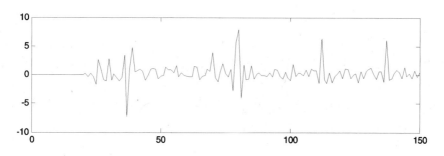

图 5.13　GMAR 决策序列

由图 5.13 可以看出,在 $t=30$ 以后瓦斯浓度出现了第一次异常突变并且波动较大,表明瓦斯呈现出不稳定释放的特征,持续了一段时间后变化趋于正常,此时已经进入了突出的准备阶段。$t=80$ 时瓦斯浓度再一次发生突变,此后在 112、137 时刻突变幅度再次超过了容许范围,这一时间内瓦斯浓度开始频繁变化,并且随着突出发生时间的临近,瓦斯浓度突变的频率也越来越快。在这段时间内,不但瓦斯浓度剧烈波动,并且还有逐步增大的趋势。对比正常状态下回风(40)瓦斯浓度突变发生的最短间隔长达 9.17 h((176−66)×5 min)。通过上述分析可见,尽管瓦斯浓度数据没有超出临界值,但其中蕴含的突出信息在突出发生前 2h 左右却表现明显。

5.4　本 章 小 结

本章以煤矿监测监控系统所采集的瓦斯历史数据为基础,对监测数据序列的数学特征进行了分析,提出了一个基于 GMAR 模型的瓦斯异常检测方法。GMAR 模型以煤矿瓦斯监控系统所采集的监测数据为基础,利用灰色预测模型预测下一时刻的测量值,将预测值与参考滑动窗口之间的残差比作为决策函数。应用结果表明:对于异常数据,该模型能较为明显地检测出异常特征;而对于正常数据,模型也能较好地反映其非异常性。

第6章　基于决策融合技术的井下瓦斯安全预测研究

随着煤层开采进入瓦斯含量较大的深部、采煤工作面生产能力的提高以及工作面推进速度的加快，导致瓦斯涌出量相对大幅增加，如果通风不良则极易引起局部的瓦斯积聚和超限，极易造成重大瓦斯事故的发生。

引起井下瓦斯事故的原因是十分复杂的，瓦斯浓度、风速、温度、CO 浓度、氧气含量、引火源等因素相互作用，此外井下环境参数的变化也会对事故的发生产生一定的影响。瓦斯事故的发生和可能的各种致因之间的关系是不确定的，并不存在简单的物理原型或数学模型，无法使用数学方法直接分析。

信息融合技术是为解决自然界广泛存在的复杂性而发展起来的，是当代飞速发展的一门综合性基础学科，旨在揭示非线性系统的共性、复杂性、基本特征和运动规律[136]。近 20 多年来，灰色理论、模糊数学、突变理论和人工神经网络等信息融合理论在我国的研究方兴未艾，虽然这些理论本身仍在不断发展和完善之中，但已被广泛应用于数理科学、空间科学、地球科学和工程科学等学科，并取得了令人瞩目的成果。

决策级融合是一种高层次的信息融合，它首先将来自不同监测系统类型各异的瓦斯特征信息形成的局部决策，然后对各个独立的决策进行最后的合成，从而获得对井下瓦斯安全状态的一致性融合结果[137, 138]。本章分别采用更适用于处理高层次抽象信息的灰色关联分析、动态模糊评价和模糊神经网络这三种方法对瓦斯安全相关信息进行决策级融合，为井下瓦斯安全性评价提供决策依据。

6.1　基于灰色关联分析的瓦斯安全决策研究

灰色关联分析是灰色系统理论的重要组成部分之一，其基本思想是基于行为的微观或宏观几何接近，以分析和确定因子间的影响程度或因子对主行为的贡献测度[133, 139]。关联分析实际上是一种对动态发展态势的量化分析，更确切地说，是发展态势的比较分析。这种因素的比较，实质上是几种曲线间几何形状的分析比较，即认为几何形状越接近，则发展态势越接近，关联程度越大。

本节采用灰色关联分析方法，从安全监测系统中提取瓦斯浓度、温度、风速、CO 浓度和粉尘 5 个特征参数分析井下瓦斯状态的安全性，并进行了定量分析。根据被测样本与各个安全等级标准样本之间的关联度大小，对井下瓦斯的安全等级进行评价。应用结果表明，采用灰色关联分析法进行井下瓦斯状态安全性预测的可靠程度较高。

6.1.1　灰色关联分析的数学原理

设具有 n 元素的参考数列 x_0 表示为
$$x_0 = [x_0(1), x_0(2), \cdots, x_0(n)]$$
与参考数列进行比较的数列 $x_1, x_2, \cdots, x_m$ 表示为
$$x_1 = [x_1(1), x_1(2), \cdots, x_1(n)]$$
$$x_2 = [x_2(1), x_2(2), \cdots, x_2(n)]$$
$$\vdots$$
$$x_m = [x_m(1), x_m(2), \cdots, x_m(n)]$$

可以将参考数列和比较数列看做是由数据点连接成的曲线，关联分析的实质就是计算参考曲线与比较曲线之间几何形状的差异。因此可以用曲线间面积差值的大小作为关联程度的衡量尺度，由此可得出点关联系数的计算公式[108]：

$$\xi_i(k) = \gamma(x_0(k), x_i(k))$$
$$= \frac{\min\limits_{i\in m}\min\limits_{k\in n}|x_0(k)-x_i(k)| + \xi \cdot \max\limits_{i\in m}\max\limits_{k\in n}|x_0(k)-x_i(k)|}{|x_0(k)-x_i(k)| + \xi \cdot \max\limits_{i\in m}\max\limits_{k\in n}|x_0(k)-x_i(k)|} \quad (6.1)$$

式中，$\xi_i(k)$ 是在第 k 个点比较曲线 x_i 相对于参考曲线 x_0 的差值，称之为 k 时刻 x_i 相对于 x_0 的关联系数。可以证明式(6.1)满足灰关联规范性、偶对对称性、整体性和接近性等公理。式中的 ξ 为分辨系数，取值范围为 0～1，通常取 0.5。

式(6.1)中的 $\min\limits_{i\in m}\min\limits_{k\in n}|x_0(k)-x_i(k)|$ 称为两级最小差，其计算方法分为两步，首先计算第一级最小差[140]，即
$$\Delta_i(\min) = \min\limits_{k\in n}|x_0(k)-x_i(k)| \quad (6.2)$$
$\Delta_i(\min)$ 是指取不同 k 值时绝对差 $|x_0(k)-x_i(k)|$ 中的最小者。

第二级最小差为
$$\Delta(\min) = \min\limits_{i\in m}(\min|x_0(k)-x_i(k)|) \quad (6.3)$$
它是指 $\Delta_1(\min), \Delta_2(\min), \cdots, \Delta_m(\min)$ 中的最小者。

同理，可以计算得到两级最大差 $\max_{i \in m} \max_{k \in n} |x_0(k) - x_i(k)|$ 。

式(6.1)是参考曲线与比较曲线中各对应点关联系数的计算公式，根据灰关联空间原理，可得两曲线(数列)之间关联度的计算公式：

$$\gamma_{0i} = \gamma(x_0, x_i) = \frac{1}{n} \cdot \sum_{i=1}^{n} \gamma[x_0(k), x_i(k)] \tag{6.4}$$

若将 $\gamma[x_0(k), x_i(k)]$ 用 $\xi_i(k)$ 代替，γ_{0i} 用 γ_i 代替，则有

$$\gamma_i = \frac{1}{n} \cdot \sum_{i=1}^{n} \xi_i(k) \tag{6.5}$$

6.1.2　基于灰关联分析的井下瓦斯安全决策模型

本课题以井下瓦斯安全状态决策分析为例，根据灰色关联分析原理，提出了基于灰色关联度的决策方法。其流程如图 6.1 所示。

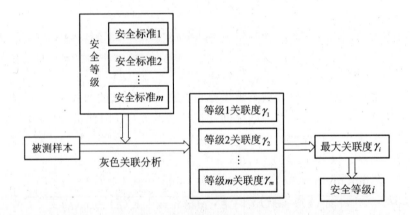

图 6.1　基于灰关联分析的井下瓦斯安全等级评价流程

首先对影响井下瓦斯安全状态的监测参数进行特征提取，选择对瓦斯安全影响程度较大的 n 个的主要指标，并将瓦斯安全级别分为 m 级，每个安全等级对应一组指标区间，如表 6.1 所示。

表 6.1　安全等级评价指标区间

	指标 1	指标 1		指标 n
等级 1	$[x_{10}, x_{11}]$	$[x_{11}, x_{12}]$	$\cdots$	$[x_{1, n-1}, x_{1, n}]$
等级 2	$[x_{20}, x_{21}]$	$[x_{21}, x_{22}]$	$\cdots$	$[x_{2, n-2}, x_{2, n}]$
$\vdots$	$\vdots$	$\vdots$		$\vdots$
等级 m	$[x_{m0}, x_{m1}]$	$[x_{m1}, x_{m2}]$	$\cdots$	$[x_{m, n-1}, x_{m, n}]$

对安全等级的指标区间进行适当分析，从每个区间中选取合适的数值作为安全等级的参考标准，从而构造安全等级分级标准矩阵 $\boldsymbol{S}_{m \times n}$：

$$\boldsymbol{S}_{m \times n} = \begin{bmatrix} s_{11} & s_{12} & \cdots & s_{1n} \\ s_{21} & s_{22} & \cdots & s_{2n} \\ \vdots & \vdots & & \vdots \\ s_{m1} & s_{m2} & \cdots & s_{mn} \end{bmatrix}$$

式中，s_{ij} 是取自指标区间 $[x_{i, j-1}, x_{ij}]$ 中具有代表性的一个值，或者由 $x_{i, j-1}$ 与 x_{ij} 构造得到，通常取该区间的中间值。

假设被测样本集由 l 个样本组成，可构造灰色关联分析的待测样本矩阵 $\boldsymbol{A}_{l \times n}$，记为

$$\boldsymbol{A}_{k \times n} = \begin{bmatrix} a_{11} & a_{12} & \cdots & a_{1n} \\ a_{21} & a_{22} & \cdots & a_{2n} \\ \vdots & \vdots & & \vdots \\ a_{l1} & a_{l2} & \cdots & a_{ln} \end{bmatrix}$$

矩阵 $\boldsymbol{A}_{l \times n}$ 表示瓦斯安全决策分析中 l 个样本分别对应 n 个评价指标的样本矩阵。

在瓦斯安全状态分析中，各指标的量级可能完全不相同，例如温度指标与粉尘指标的量级相差 10^6。因此在决策分析之前，应该首先将分类标准矩阵 $\boldsymbol{S}_{m \times n}$ 和被测样本矩阵 $\boldsymbol{A}_{l \times n}$ 进行归一化处理。

对于数值型指标通常采用两种方法，数值越大危险性越高的指标和数值越小危险性越高的指标的极性相反，因此在归一化处理时需要分别对待。对于数值越大危险性越高的指标，当参数值大于最高安全等级 m 的下限时，参数归一化为 1；当参数值小于最低安全等级 1 的上限时，参数归一化为 0；当在两者之间时，按极差变换法则进行处理，即

$$b_{i, p} = \begin{cases} 0 & a_{i, p} \leqslant x_{1, p} \\ \dfrac{a_{i, p} - x_{1, p}}{x_{m-1, p} - x_{1, p}} & x_{1, p} < a_{i, p} < x_{m-1, p} \\ 1 & x_{m-1, p} \leqslant a_{i, p} \end{cases} \tag{6.6}$$

式中，$a_{i, p}$ 为第 i 个被测样本的第 p 个指标，$x_{1, p}$ 为标准安全等级 1 的第 p 指标上限，$x_{m-1, p}$ 为安全等级 m 的第 p 指标下限，$b_{i, p}$ 为归一化后的第 p 个指标值。

假设第 q 个指标是数值越小危险性越高的指标参数，则其归一化公式为

$$b_{i,q} = \begin{cases} 0 & x_{1,q} \leqslant a_{i,q} \\ \dfrac{x_{m-1,q} - a_{i,q}}{x_{m-1,q} - x_{1,q}} & x_{m-1,q} < a_{i,q} < x_{1,q} \\ 1 & a_{i,q} \leqslant x_{m-1,q} \end{cases} \tag{6.7}$$

式中，$a_{i,q}$ 为第 i 个被测样本的第 q 个指标，$x_{1,q}$ 为标准安全等级 1 第 q 个指标的下限，$x_{m-1,q}$ 为安全等级 m 第 q 指标的上限，$b_{i,q}$ 为归一化后的第 q 个指标值。

对于非数值型指标可以使用其他方法进行归一化。

设归一化处理后的分类标准矩阵为 T，被测样本矩阵为 B，则有

$$T_{m \times n} = \begin{bmatrix} t_{11} & t_{12} & \cdots & t_{1n} \\ t_{21} & t_{22} & \cdots & t_{2n} \\ \vdots & \vdots & & \vdots \\ t_{m1} & t_{m2} & \cdots & t_{mm} \end{bmatrix}, \quad B_{l \times n} = \begin{bmatrix} b_{11} & b_{12} & \cdots & b_{1n} \\ b_{21} & b_{22} & \cdots & b_{2n} \\ \vdots & \vdots & & \vdots \\ b_{l1} & b_{l2} & \cdots & b_{ln} \end{bmatrix}$$

T 中第 j 行是安全等级 j 中各指标归一化后的结果，记为 t_j；B 中第 i 行为被测样本 i 归一化后的结果，记为 b_i。

计算 b_{ik} 与 t_{jk} 的关联系数得（取分辨系数 ξ 为 0.5）

$$\xi_{ij}(k) = \dfrac{\min\limits_{i \in m} \min\limits_{k \in n} |b_{ik} - t_{jk}| + \xi \cdot \max\limits_{i \in m} \max\limits_{k \in n} |b_{ik} - t_{jk}|}{\Delta_{ij}(k) + \xi \cdot \max\limits_{i \in m} \max\limits_{k \in n} |b_{ik} - t_{jk}|} \tag{6.8}$$

若 $b_{ik} - t_{jk} \leqslant 0$，则 b_{ik} 优于安全等级 j 的第 k 个指标，则可以定义为等级 j；若 $b_{ik} - t_{jk} > 0$，则 b_{ik} 没有达到等级 j 的标准指标，可以定义 $\Delta_{ij}(k)$ 为

$$\Delta_{ij}(k) = \begin{cases} |b_{ik} - t_{jk}| & b_{ik} - t_{jk} \leqslant 0 \\ |b_{ik} - t_{jk}| + \dfrac{\Delta}{2} & b_{ik} - t_{jk} > 0 \end{cases} \tag{6.9}$$

式中，$\Delta = t_{jk} - t_{j-1,k}$。$\Delta_{ij}(k)$ 反映了样本 i 与等级 j 在指标 k 上的差别。当 $\Delta_{ij}(k) = 0$ 时，表示该标本的第 k 个指标与等级 j 同类，此时关联度 $\xi_{ij}(k)$ 最大；当 $\Delta_{ij}(k) = 1$ 时，表明该标本的第 k 个指标与等级 j 异类，关联度 $\xi_{ij}(k)$ 最小；当 $0 < \Delta_{ij}(k) < 1$ 时，反映了样本 i 与等级 j 的差异程度。

由式(6.8)和式(6.9)可以分别计算出各个样本与不同安全等级标准之间的关联度，从而构成被测样本的综合决策关联矩阵：

$$R_{l \times m} = \begin{bmatrix} \gamma_{11} & \gamma_{12} & \cdots & \gamma_{1m} \\ \gamma_{21} & \gamma_{22} & \cdots & \gamma_{2m} \\ \vdots & \vdots & & \vdots \\ \gamma_{l1} & \gamma_{l2} & \cdots & \gamma_{lm} \end{bmatrix}$$

式中，γ_{ij} 是被测样本 i 相对于参考等级标准 j 之间的关联度，则 γ_{i1}，γ_{i2}，$\cdots$，γ_{im} 分别为样本 i 分别相对于 m 个等级的关联度。它是被测样本序列与安全等级标准分类序列间距离的一种度量，二者贴近度越大，其隶属性就越大，反之亦然。根据灰色关联分析原理，对样本 i 进行决策分析，应取矩阵 $\boldsymbol{R}_{l \times m}$ 的第 i 行中最大关联度 γ_{ij} 对应的安全等级 j。

6.1.3　基于灰关联的井下瓦斯安全决策模型的应用

根据近年来阳煤集团三矿及其邻近矿区采集的采煤工作面环境数据进行分析，选择瓦斯浓度、温度、风速、CO 浓度和粉尘 5 个因素作为井下瓦斯安全决策因子，并将井下瓦斯状态的安全等级依次划分为安全、较安全、一般安全、较危险和危险 5 级，当瓦斯状态评测为危险级时，必须停止工作撤出人员，采取措施进行处理。在这 5 个评价因子中，瓦斯浓度、温度、CO 浓度和粉尘是在一定范围内越小越好，而风速则是越大越好。根据《煤矿安全规程》将这 5 个评价因子按 5 个安全等级进行划分，划分结果如表 6.2 所示。

表 6.2　井下瓦斯状态影响因素等级划分

瓦斯浓度 /%	温度 /℃	风速 /m·s^{-1}	CO 浓度 /ppm	粉尘 /mg·m^3	安全等级
<0.4	14~18	3.0~4.0	<6	<2	安全
0.4~0.6	18~22	1.5~3.0	6~12	2~5	较安全
0.6~0.8	22~26	1.0~1.5	12~18	5~8	一般安全
0.8~1.0	26~30	0.3~1.0	18~24	8~10	较危险
>1.0	>30	<0.3	>24	>10	危险

采用取区间中值法构造瓦斯安全等级参考标准，瓦斯浓度等 4 个评价因子的危险等级为无限区间，使用等差数列构成最高危险等级的参考标准，构造出的分类标准矩阵 $\boldsymbol{S}_{5 \times 5}$ 为

$$\boldsymbol{S}_{5 \times 5} = \begin{bmatrix} 0.2 & 16 & 3.5 & 3 & 1 \\ 0.5 & 20 & 1.8 & 9 & 3.5 \\ 0.7 & 24 & 1.3 & 15 & 6.5 \\ 0.9 & 27 & 0.7 & 21 & 9 \\ 1.1 & 32 & 0.15 & 27 & 12 \end{bmatrix}$$

矩阵中的每一行分别对应一个安全等级，作为以后评测样本的灰关系分析参考标准。通过式(6.6)和式(6.7)对分类标准矩阵进行归一化。归一化后的分

类标准矩阵为

$$T_{5\times5} = \begin{bmatrix} 0.2 & 0.233 & 0.3 & 0.075 & 0.133 \\ 0.167 & 0.4 & 0.64 & 0.225 & 0.233 \\ 0.467 & 0.533 & 0.74 & 0.375 & 0.367 \\ 0.6 & 0.633 & 0.86 & 0.525 & 0.6 \\ 0.733 & 0.7 & 0.97 & 0.675 & 0.8 \end{bmatrix}$$

从阳泉某矿及其邻近矿区收集的采煤工作面安全数据中，每个安全等级挑选 4 个样本组成被测样本集进行安全决策，样本数据如表 6.3 所示。

表 6.3 井下瓦斯安全决策样本数据

序号	瓦斯	温度	风速	CO	粉尘	安全等级
1	0.15	15.9	3.84	2.92	0.23	安全
2	0.26	16.5	3.53	0.85	0.39	安全
3	0.08	15.4	3.07	4.68	0.42	安全
4	0.36	16.7	3.22	6.13	0.34	安全
5	0.53	18.7	2.78	11.33	0.93	较安全
6	0.55	20.5	1.93	7.21	0.54	较安全
7	0.47	19.2	1.68	9.37	0.69	较安全
8	0.51	19.7	2.33	9.96	0.75	较安全
9	0.63	22.3	1.16	14.19	0.94	一般安全
10	0.65	22.9	1.21	16.66	1.16	一般安全
11	0.72	24.3	1.51	16.21	1.4	一般安全
12	0.78	22.2	1.04	17.97	1.41	一般安全
13	0.83	26.7	0.74	20.06	1.6	较危险
14	0.90	25.9	0.69	21.67	2.57	较危险
15	0.92	26.2	0.90	20.14	2.17	较危险
16	0.87	25.6	0.31	28.36	2.09	较危险
17	1.05	28.7	0.21	21.09	2.9	危险
18	1.10	29.3	0.20	26.36	2.47	危险
19	1.17	28.3	0.15	26.86	2.95	危险
20	1.03	30.2	0.42	34.36	2.61	危险

同样使用式(6.6)和式(6.7)对被测样本数据进行归一化得

$$B = \begin{bmatrix} 0.1000 & 0.1967 & 0.2320 & 0.0730 & 0.0153 \\ 0.1733 & 0.2167 & 0.2940 & 0.0212 & 0.0260 \\ 0.0533 & 0.1800 & 0.3860 & 0.1170 & 0.0280 \\ 0.2400 & 0.2233 & 0.3560 & 0.1533 & 0.0227 \\ 0.3533 & 0.2900 & 0.4440 & 0.2833 & 0.0620 \\ 0.3667 & 0.3500 & 0.6140 & 0.1802 & 0.0360 \\ 0.3133 & 0.3067 & 0.6640 & 0.2342 & 0.0460 \\ 0.3400 & 0.3233 & 0.5340 & 0.2490 & 0.0500 \\ 0.4200 & 0.4433 & 0.7680 & 0.3548 & 0.0627 \\ 0.4333 & 0.4300 & 0.7580 & 0.4165 & 0.0773 \\ 0.4800 & 0.4767 & 0.6980 & 0.4053 & 0.0933 \\ 0.5200 & 0.4067 & 0.7920 & 0.4492 & 0.0940 \\ 0.5533 & 0.5567 & 0.8520 & 0.5015 & 0.1067 \\ 0.6000 & 0.5300 & 0.8620 & 0.5418 & 0.1713 \\ 0.6133 & 0.5400 & 0.8200 & 0.5035 & 0.1447 \\ 0.5800 & 0.5200 & 0.9380 & 0.7090 & 0.1393 \\ 0.7000 & 0.6233 & 0.9580 & 0.5273 & 0.1933 \\ 0.7333 & 0.6433 & 0.9600 & 0.6590 & 0.1647 \\ 0.7800 & 0.6100 & 0.9700 & 0.6715 & 0.1967 \\ 0.6867 & 0.6733 & 0.9160 & 0.8590 & 0.1740 \end{bmatrix}$$

由式(6.8)和式(6.9)可以分别计算出各个被测样本与不同安全等级标准之间的关联度，从而构成被测样本的综合决策关联矩阵。所构造关联矩阵及最终决策分析结果见表6.4。

表6.4中每一行为被测样本与分类标准的关联度，例如样本1，各级安全等级的关联度大小排序：$\gamma_1 > \gamma_2 > \gamma_3 > \gamma_4 > \gamma_5$，表明被测样本的瓦斯安全等级与"安全"等级的关联程度最大，因此样本1的最终评价结果就是Ⅰ级，即评价为"安全"。

对20个评价样本进行评价分析，除了第17个样本外，其余19个样本都与评价报告中的评价结果一致，评价准确率达到95%。传统的灰色关联分析方法是利用安全等级标准近似为评价曲线，本课题将各决策因子考虑为区间的形式，相对于按近似临界值方法更为客观，具有明确的物理意义。通过对20个样本的评估实例表明，该方法能够有效、客观地利用选择的5个决策因子对被测样本进行安全决策分析，比较精确地反映分析结果的稳定性和有效性。

表 6.4　瓦斯状态被测样本的灰关系度

序号	安全	较安全	一般安全	较危险	危险	评价等级	实测等级
1	0.8699	0.6311	0.5193	0.4350	0.3811	1	1
2	0.9221	0.6540	0.5357	0.4469	0.3905	1	1
3	0.9111	0.7216	0.5896	0.4905	0.4276	1	1
4	0.8958	0.7312	0.5863	0.4830	0.4180	1	1
5	0.7948	0.8262	0.6897	0.5479	0.4632	2	2
6	0.7673	0.9174	0.7302	0.5837	0.4953	2	2
7	0.7437	0.8883	0.7040	0.5596	0.4730	2	2
8	0.7434	0.8558	0.6768	0.5404	0.4582	2	2
9	0.6565	0.8464	0.8385	0.6800	0.5579	2	3
10	0.6459	0.8005	0.8604	0.6891	0.5596	3	3
11	0.6299	0.7815	0.8725	0.6813	0.5522	3	3
12	0.6110	0.7465	0.7881	0.7127	0.5660	3	3
13	0.5679	0.6568	0.7769	0.8240	0.6367	4	4
14	0.5216	0.6336	0.7364	0.8237	0.6262	4	4
15	0.5602	0.6557	0.7733	0.8138	0.6285	4	4
16	0.5429	0.6141	0.6966	0.7242	0.7091	4	4
17	0.4944	0.6021	0.6667	0.7951	0.7503	4	5
18	0.4871	0.5590	0.6122	0.7185	0.8239	5	5
19	0.4741	0.5754	0.6234	0.6976	0.8025	5	5
20	0.5438	0.6307	0.6805	0.7734	0.8063	5	5

6.2　基于动态模糊理论的瓦斯安全决策研究

在煤矿井下环境系统中，存在着大量具有"亦此亦彼"性质的现象，如：井下空气中瓦斯、CO 浓度的"高"和"低"，工作面风速的"大"和"小"，井下环境危险性的"高"和"低"等。这些概念之间并不存在明确的数值界限，存在着"亦此亦彼"的特性，也就是说存在模糊性。又如，《煤矿安全规程》规定采煤工作面瓦斯浓度大于 1% 时为"危险"，而浓度为 0.99% 时就应不属于"危险"，但二者在数值和危险性程度上并没有明显差别，这种强制性划分显然不合理。客观上，从危险程度的一个等级到相邻的另一个等级之间存在着差异，但差异往往是不明显的，等级之间没有明显的界限，中间经历了一个从量变到质变的连续过渡的过程。这种由差异的过渡性而产生划分上的非确定性就是模糊性[141]。

模糊集理论的本质是以隶属度函数作为媒介，从形式上将"不确定性"转化为"确定性"，从而为模糊不确定性问题的解决提供了有力的数学工具。而模糊评价则是以模糊数学为基础，应用模糊关系合成的原理，将一些边界不清、不易量化的因素定量化，从而进行综合评价的一种方法[142]。

在煤矿瓦斯安全状态决策分析中，各种影响因素相互作用，并且存在相当数量的突发事件，使得决策中涉及大量的模糊因素，而模糊评价方法可以对模糊参数进行量化处理，因此使用模糊评价方法理论上可以取得较好的评价效果。本课题针对模糊评价中权重确定需要专家知识的缺点，设计了一种根据决策指标对瓦斯状态影响程度的大小动态设置评价指标权重的方法，并在结果分析中针对最大隶属度方法进行了改进，提出了一种动态模糊评价方法。

6.2.1 动态模糊评价方法

模糊评价就是对一个事物在考虑多因子的情况下，评价某个对象的优劣。动态模糊评价的思想是通过构造等级模糊子集确定隶属度，然后利用模糊变换原理对各种指标合成，具体步骤如下：

（1）确定评价指标集。对影响瓦斯安全状态的监测参数进行特征提取，假设选择了 n 个影响程度较大的监测参数，即被评价对象具有 n 个评价指标，它们构成评价指标集 $U = \{u_1, u_2, \cdots, u_n\}$。

（2）确定评价级。设被评价对象具有 m 个评价等级，它们构成评价集 $V = \{v_1, v_2, \cdots, v_m\}$，每一个等级可对应一个模糊子集。

（3）建立模糊关系矩阵。设 R 是从 U 到 V 的一个模糊关系，$U \times V \rightarrow [0, 1]$，且 R 可以用一个 $[0, 1]$ 区间中的 $n \times m$ 矩阵表示，则由 R 确定的一个变换如表 6.5。

表 6.5　模糊关系矩阵

R	v_1	v_2	$\cdots$	v_m
u_1	u_{11}	u_{12}	$\cdots$	r_{1m}
u_2	r_{21}	r_{22}	$\cdots$	r_{2m}
$\vdots$	$\vdots$	$\vdots$		$\vdots$
u_n	r_{n1}	r_{n2}	$\cdots$	r_{nn}

r_{ij}是u_j与v_i的模糊关系程度，表示从第i个指标着眼，作出第j等级评价的可能程度，也就是说，任意给定U上的一个模糊子集A，便可以确定V上的模糊子集B，即R起一个模糊变换作用。

在瓦斯安全状态决策分析中，一般可由下述隶属度函数确定模糊关系矩阵中的元素值：

$$r_{ij} = \begin{cases} 0 & c_i \leqslant s_{i,\,j-1},\ c_i \geqslant s_{i,\,j+1} \\[2mm] \dfrac{c_i - s_{i,\,j-1}}{s_{ij} - s_{i,\,j-1}} & s_{i,\,j-1} < c_i \leqslant s_{ij} \\[2mm] \dfrac{c_i - s_{i,\,j+1}}{s_{ij} - s_{i,\,j+1}} & s_{ij} < c_i < s_{i,\,j+1} \end{cases} \tag{6.10}$$

且有

$$r_{i1} = \begin{cases} 1 & c_i \leqslant s_{i1} \\[2mm] \dfrac{c_i - s_{i2}}{s_{i1} - s_{i2}} & s_{i1} \leqslant c_i < s_{i2} \\[2mm] 0 & c_i \geqslant s_{i2} \end{cases} \tag{6.11}$$

$$r_{im} = \begin{cases} 0 & c_i \leqslant s_{i,\,m-1} \\[2mm] \dfrac{c_i - s_{i,\,m-1}}{s_{im} - s_{i,\,m-1}} & s_{i,\,m-1} < c_i \leqslant s_{im} \\[2mm] 1 & c_i \geqslant s_{i,\,m} \end{cases} \tag{6.12}$$

式中：c_i表示第i种评价指标的实测值，$s_{i,\,j-1}$、$s_{i,\,j}$、$s_{i,\,j+1}$分别表示第i种评价指标的第$j-1$级、第j级和第$j+1$级瓦斯安全状态评价标准。

一个被测样本在某个评价指标u_i上是通过模糊评价向量$(r_{i1},\ r_{i2},\ \cdots,\ r_{im})$来刻画的，通过对$n$个评价指标评价向量即可得模糊评价矩阵，从而实现被测样本在井下环境危险性评价中的综合模型评价。

(4) 确定模糊评价指标的权重。合理地确定各评价指标的权重是模糊评价在实际应用中的关键问题，它反映了各个指标在评价过程中所占的比重。通常采用的权重确定方法有经验判断法、加权统计法、模糊协调权重分配法、模糊关系方程法等。由于各种监测参数(评价指标)对井下瓦斯的影响是不同的，并且不同矿井的地质条件也各不相同，为此本小节提出了一种基于评测样本集的动态的模糊评价指标权重的计算方法。

假设评测样本集包含l个被测样本，每个样本包含n个评价指标，x_{ij}表示第i个样本的第j类评价指标，则被测样本集中每个指标分类平均值为

$$\mathrm{Savg}_j = \frac{1}{l} \sum_{i=1}^{l} x_{ij} \tag{6.13}$$

再由表 6.6 所示的井下瓦斯安全影响因素等级划分可得各个安全等级指标取值的最大值与最小值。

表 6.6　各个评价指标的模糊权值

指标	权重	样本指标平均值	指标标准最小值	指标标准最大值
u_1	ω_1	Savg_1	$\min_1$	$\max_1$
u_2	ω_2	Savg_2	$\min_2$	$\max_2$
$\vdots$	$\vdots$	$\vdots$	$\vdots$	$\vdots$
u_n	ω_n	Savg_n	$\min_n$	$\max_n$

各评价指标的权重可以根据评价指标对井下瓦斯的影响程度大小来确定，权重计算公式如下。

对于瓦斯浓度等数值越小越优型评价指标权重：

$$\omega_i = \frac{\min_i}{\mathrm{Savg}_i} \tag{6.14}$$

对于工作面风速等数值越大越优型评价指标权重：

$$\omega_i = \frac{\mathrm{Savg}_i}{\max_i} \tag{6.15}$$

式中，ω_i 为第 i 种评价指标的权重，Savg_i 为样本集中所有标本的第 i 种指标的平均值，$\min_i$ 和 $\max_i$ 分别为井下瓦斯标准指标的最小值和最大值。

因此可得到评价指标权向量 $\boldsymbol{W} = \{\omega_1, \omega_2, \cdots, \omega_n\}$，$\boldsymbol{W}$ 是 $\boldsymbol{U}$ 中各成分对总体评价对象的隶属关系。在进行模糊复合运算之前，必须对各评价指标权重进行归一化处理，以确保各评价指标权值之和为 1。归一化处理公式如下：

$$\omega_i = \frac{\omega_i}{\sum\limits_{i=1}^{n} \omega_i} \qquad \omega_i > 0, \ i = 1, 2, \cdots, n \tag{6.16}$$

（5）选择合适的合成算子 $\odot$，将评价指标权重 $\boldsymbol{W}$ 与模糊关系矩阵 $\boldsymbol{R}$ 合成，得到各被测样本的模糊综合评价结果，即

$$\boldsymbol{Y} = \boldsymbol{W} \odot \boldsymbol{R} = (\omega_1, \omega_2, \cdots, \omega_n) \begin{bmatrix} r_{11} & r_{12} & \cdots & r_{1m} \\ r_{21} & r_{22} & \cdots & r_{2m} \\ \vdots & \vdots & & \vdots \\ r_{n1} & r_{n2} & \cdots & r_{nm} \end{bmatrix} \tag{6.17}$$

式中，y_j 由 $\boldsymbol{W}$ 与 $\boldsymbol{R}$ 的第 j 列合成求得，它表示被测样本在整体上对 v_j 等级模糊子集的隶属程度。

（6）对模糊变权综合评价结果进行综合分析，得到最终评价结果。

6.2.2　动态模糊评价模型在井下瓦斯安全决策中的应用

随着煤矿开采深度的增加，瓦斯和其他危险气体的涌出量逐渐加大，通风更加困难，井下环境越来越恶劣，发生瓦斯事故的可能性日益增大，严重影响了煤矿安全生产。本课题以《煤矿安全规程》中通风和瓦斯、粉尘防治标准为基础为基础，采用加权模糊评价方法对阳泉某矿及其邻近地区采集的表 6.3 所示的井下瓦斯安全数据进行分析，寻找井下监测参数与井下瓦斯安全状态之间的关系，以指导实时的安全生产。

加权模糊评价的过程如下。

1. 确定评价指标

通过对影响井下瓦斯安全状态的监测参数进行特征提取，从中选择瓦斯浓度、温度、风速、CO 浓度和粉尘 5 种参数作为井下瓦斯安全评价指标。

可以使用 $x_1 \sim x_5$ 表示这 5 个评价指标，即瓦斯浓度(x_1)、温度(x_2)、风速(x_3)、CO 浓度(x_4)、粉尘(x_5)。

2. 建立评价集

根据表 6.2 所示的井下瓦斯安全影响因素等级，可以把井下瓦斯状态的安全等级依次划分为安全、较安全、一般安全、较危险和危险 5 个等级，则危险性评价集可表示为 $\boldsymbol{V} = \{ \mathrm{I}，\mathrm{II}，\mathrm{III}，\mathrm{IV}，\mathrm{V} \}$。模糊评价方法以具体的标准等级指标为参考对象，而在灰色关系分析中标准等级则以区间的形式表示，因此需要对表 6.2 所示的影响因素等级进行转换，取每个等级区间的最大值为该等级的参考标准，等级 V 的参考标准可由等级 I ～IV 以等差数列的方法求得，则得到井下瓦斯安全等级标准，如表 6.7 所示。

表 6.7　井下瓦斯安全等级标准

等级	瓦斯	温度	风速	CO	粉尘
I	0.4	14	3.5	6	2
II	0.6	20	2.5	12	5
III	0.8	24	2.0	18	8
IV	1.0	28	1.5	24	10
V	1.2	32	1.0	30	12

3. 建立模糊评价矩阵

各个评价指标的量化标准不同，因此量化值所在的区间也就不同，其中瓦斯浓度、温度、CO 浓度和粉尘是在一定范围内数值小为最优(x_1，x_2，x_4，x_5)，而风速(x_3)则是在一定范围数值大为最优。

由于评价指标区间和井下瓦斯分级危险性都是模糊的，因此可以用隶属度刻画分级界限。由表 6.2 所示的井下瓦斯安全影响因素等级划分，可以得到 5 个级别的隶属度函数。

以瓦斯浓度指标为例，瓦斯浓度指标以数值最小为优，因此采用偏小型分布，其隶属度函数为

$$瓦斯\ u_1(x) = \begin{cases} 1 & x \leqslant 0 \\ 5/2(0.4-x) & 0 < x < 0.4 \\ 0 & x \geqslant 0.4 \end{cases}$$

$$瓦斯\ u_2(x) = \begin{cases} 0 & x \leqslant 0,\ x \geqslant 0.6 \\ 5(0.6-x) & 0.4 < x < 0.6 \\ 5/2(0.4-x) & 0 < x \leqslant 0.4 \end{cases}$$

$$瓦斯\ u_3(x) = \begin{cases} 0 & x \leqslant 0.4,\ x \geqslant 0.8 \\ 5(0.8-x) & 0.6 < x < 0.8 \\ 5(0.6-x) & 0.4 < x \leqslant 0.6 \end{cases}$$

$$瓦斯\ u_4(x) = \begin{cases} 0 & x \leqslant 0.6,\ x \geqslant 1 \\ 5(1-x) & 0.8 < x < 1 \\ 5(0.8-x) & 0.6 < x \leqslant 0.8 \end{cases}$$

$$瓦斯\ u_5(x) = \begin{cases} 0 & x \leqslant 0.8 \\ 5(1-x) & 0.8 < x < 1.0 \\ 1 & x \geqslant 1.0 \end{cases}$$

同理可求得温度(x_2)、CO 浓度(x_4)和粉尘(x_5)的 5 级标准的隶属度函数。风速(x_3)的隶属度函数可由偏大型分布求得，其隶属度函数为

$$风速\ u_1(x) = \begin{cases} 1 & x \geqslant 3.5 \\ x-2.5 & 2.5 < x < 3.5 \\ 0 & x \leqslant 2.5 \end{cases}$$

$$风速\ u_2(x) = \begin{cases} 0 & x \geqslant 3.5,\ x \leqslant 2.0 \\ x-2.5 & 2.5 < x < 3.5 \\ 2(x-2) & 2.0 < x \leqslant 2.5 \end{cases}$$

$$风速\ u_3(x) = \begin{cases} 0 & x \geqslant 2.5,\ x \leqslant 1.5 \\ 2(x-2) & 2.0 < x < 2.5 \\ 2(x-1.5) & 1.5 < x \leqslant 2.0 \end{cases}$$

$$\text{风速 } u_4(x) = \begin{cases} 0 & x \geqslant 2.0, \ x \leqslant 1.0 \\ 2(x-1.5) & 1.5 < x < 2.0 \\ 2(x-1.0) & 1.0 < x \leqslant 1.5 \end{cases}$$

$$\text{风速 } u_5(x) = \begin{cases} 0 & x \geqslant 1.5 \\ 2(x-1.0) & 1.0 < x < 1.5 \\ 1 & x \leqslant 1.0 \end{cases}$$

建立了各个评价指标的隶属度函数后，可以对表 6.3 中的被测样本进行评价。以第一个评测样本为例，由上述隶属度函数可得其模糊关系矩阵为

$$R = \begin{bmatrix} 1.0 & 0 & 0 & 0 & 0 \\ 0.68 & 0.32 & 0 & 0 & 0 \\ 0.34 & 0.66 & 0 & 0 & 0 \\ 1.0 & 0 & 0 & 0 & 0 \\ 1.0 & 0 & 0 & 0 & 0 \end{bmatrix}$$

同理，可以对评测样本集中的 20 个样本建立模糊关系矩阵。

4. 确定模糊评价指标的权重

合理地确定各评价指标的权重是模糊评价在实际应用中的关键问题。本小节采用式（6.16）所示的方法计算权重，由于各个评价指标对井下环境的影响程度是不同的，因此需要对各指标赋予不同的权重。首先计算评价样本集各评价指标的总体平均值：

$$A = [0.6780, 22.7600, 1.5460, 15.8190, 1.4280]$$

由式（6.14）和式（6.15）可以得到权重向量为

$$W = [0.6780, 0.6503, 0.1940, 0.6591, 0.1428]$$

通过式（6.16）归一化可得

$$W = [0.2917, 0.2798, 0.0835, 0.2836, 0.0614]$$

利用式（6.17）所示的模糊合成算子将评价指标权重 W 与模糊关系矩阵 R 合成，得到各被测样本的模糊综合评价结果。

以第一个被测样本为例，得出模糊综合评价结果向量为

$$Y = W \odot R = (0.8980, 0.1020, 0, 0, 0)$$

同样，可以得出其他被测样本的模糊综合评价结果向量，详见表 6.8。

动态模糊评价的评价方法与灰色关联分析相似，将每个样本的各等级隶属度排序，最大的一个表示该样本所处的等级。由表 6.8 可以做出评价：样本 1～4 的安全等级属于Ⅰ级；样本 5～9 的安全等级属于Ⅱ级，其中样本 6、7 较偏向于Ⅰ级，样本 9 较偏向于Ⅲ级；样本 10 的安全等级属于稍偏向Ⅱ级的Ⅲ级，样本 11 和 12 属于Ⅲ级，样本 13 较偏向于Ⅳ级的Ⅲ级；样本 14 和 15 的安全等级

偏向Ⅲ级的Ⅳ级，样本 17 稍偏向于Ⅲ级的Ⅴ级；样本 16 的第Ⅲ、Ⅳ、Ⅴ安全等级的隶属度相近，最大的是Ⅲ级；样本 18～20 属于Ⅴ级。与表 6.3 给出的原始评价结果相比，样本 9、13、16 和 17 出现了一定的偏差，评价准确率为 80%。仔细观察可以发现，原始等级为Ⅲ级及更安全等级的 12 个样本中，只有样本 9 与原始评价结果有出入，对这三级样本评价的准确率达到 91.7%；对安全等级为Ⅳ级和Ⅴ级的样本，评价错误率较大，其原因是第Ⅴ级的标准指标是由前 4 级按等差数列得到，和实际煤矿安全评价所采用的标准可能存在较大的出入；而第Ⅴ级的标准指标恰恰对第Ⅳ级和Ⅴ级的影响程度较大，因此造成了对第Ⅳ、Ⅴ级的评价误差较大。通过调整第Ⅴ级标准指标的大小来校正动态模糊评价方法的准确度，由此可以看出模糊评价存在着参数需要人工设置的缺陷。

表 6.8　各被评样本的动态模糊评价结果

样本	等级Ⅰ	等级Ⅱ	等级Ⅲ	等级Ⅳ	等级Ⅴ	加权评价
1	0.8980	0.1020	0	0	0	1.0127
2	0.8442	0.1558	0	0	0	1.0329
3	0.8571	0.1429	0	0	0	1.0271
4	0.8028	0.1972	0	0	0	1.0569
5	0.2558	0.7319	0.0122	0	0	1.8914
6	0.3608	0.5447	0.0945	0	0	1.7219
7	0.4127	0.5139	0.0735	0	0	1.6250
8	0.3031	0.6596	0.0373	0	0	1.8287
9*	0.0614	0.5469	0.3349	0.0568	0	2.2745
10	0.0614	0.3591	0.5311	0.0484	0	2.6784
11	0.0614	0.2018	0.7157	0.0210	0	2.9141
12	0.0614	0.1565	0.7053	0.0768	0	2.9508
13*	0.0614	0	0.5251	0.3825	0.0310	3.3296
14	0.0498	0.0117	0.4029	0.4987	0.0370	3.5937
15	0.0580	0.0035	0.4250	0.5016	0.0119	3.5626
16*	0.0596	0.0018	0.3575	0.2927	0.2884	3.8158
17*	0.0430	0.0184	0.1375	0.5467	0.2543	4.1028
18	0.0518	0.0096	0	0.4158	0.5227	4.5903
19	0.0420	0.0195	0	0.4300	0.5086	4.5668
20	0.0489	0.0125	0	0.2623	0.6763	4.8509

采用动态模糊评价方法求出的最大隶属度评价结果，存在有效性问题，可能会得出不合理的评价结果，并且需要对比隶属度才能得到样本的安全等级。本小节采用加权平均的方法对最大隶属度所求结果进行再次合成。加权平均的思想是用一个具体数字表示各个等级的相对位置，m 个安全等级可分别用"1，2，…，m"表示。为使其连续化，可以使用评价结果中对应分量将各等级的秩加权求和，得到被评事物的相对位置[143]。加权平均公式为

$$B = \frac{\sum\limits_{i=1}^{m} b_i^k \cdot i}{\sum\limits_{i=1}^{m} b_i^k} \tag{6.18}$$

式中，b_i 表示第 i 等级的隶属度；k 是一个待定系数，通常取 1 或 2，目的是削弱较大的 b_i 对评价结果的影响。

采用加权平均原则对被测样本集的评价结果进行分析，取 $k=2$ 得到的结果如表 6.8 中的"加权评价"列所示。将计算结果舍入后与原安全等级比较，发现样本 9、13、17 和原评价结果不一致，样本 16 经加权平均修正后符合原始评价结果。采用加权平均原则比较直观地采用一个具体的数字直接表示其安全等级，不仅能提高安全评价的准确度，而且能对多个样本安全危险性进行比较排序。

6.3　基于模糊神经网络的瓦斯安全决策研究

影响井下瓦斯安全状态的各因素具有随机性、模糊性和不确定性的非线性特征，因此瓦斯状态不会按照某一特定规律变化，而神经网络、模糊系统等方法的优势就是进行非线性处理，这也是它们在井下瓦斯安全决策分析中的优势所在。

人工神经网络的逼近非线性函数的能力已经在理论和应用方面得到了广泛的研究。神经网络以生物神经网络模拟为基础，在模拟推理及自动学习等方面更接近人脑的自组织和并行处理功能，具有较强的自学习和联想功能，并且人工干预少、模拟精度高。但神经网络不能处理和描述模糊信息，也不能很好地利用已有的经验知识，同时它对样本的要求较高，如果遇到矛盾样本，会导致学习过程长、收敛效果差。

模糊系统以模糊逻辑为基础，抓住了人类思维中的模糊性特点，模拟人的模糊判断推理来处理模糊信息问题，具有推理过程容易理解、专家知识利用较好、对样本的要求较低等优点。但是如何自动生成和调整隶属度函数及模糊规则，一直是模糊系统的难题。

　　模糊神经网络就是将模糊系统和人工神经网络有机结合起来，发挥各自的优势，提高整个系统的学习和表达能力。将具有逻辑推理能力的模糊技术引入到神经网络中，可以拓宽神经网络处理信息的范围与能力，可以使其处理模糊信息等不精确信息；而且，神经网络在学习和自动模式识别方面有着极强的优势，它们的结合使得模糊规则的自动提取和隶属度函数的自动生成得以解决，从而使模糊系统成为自适应的模糊系统。

　　随着煤矿开采深度的不断增加，井下环境安全事故的危险性也日益增大。通过融合煤矿监控系统采集的各种监测参数，对井下瓦斯安全状态进行判断成为当前煤矿安全领域研究的一个热门课题。本小节利用模糊神经网络技术对井下瓦斯的安全状态进行融合识别，以提高安全决策分析的准确度。

6.3.1　模糊神经网络

1. 模糊神经网络的结构

　　模糊神经网络（Fuzzy Neural Network，FNN）是指将模糊化概念和模糊推理引入神经元的神经网络，又指基于神经网络的模糊系统。前者将模糊成分引入了神经网络，提高了原有网络的可解释性与灵活性，它又分为两种形式：引入模糊运算的神经网络和用模糊逻辑增强网络功能的神经网络。其中用模糊逻辑增强网络功能的神经网络以神经网络结构来实现模糊系统，并利用神经网络学习算法对模糊系统的参数进行调整。

　　模糊神经网络中全部或部分神经元采用模糊神经元，基本的模糊神经元包括：模糊化神经元、模糊逻辑神经元和去模糊化神经元。图 6.2 为模糊神经网络的一般逻辑结构，其中每层的节点数和权值可以通过模糊系统所采用的具体模块形式而预置，其隶属函数和模糊规则通过一定的学习算法产生。模糊神经网络的具体结构因模糊系统的具体描述方式、网络学习算法和节点函数选取的不同而各异。

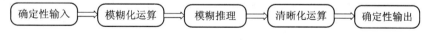

图 6.2　模糊神经网络的逻辑结构

　　模糊神经网络有很多种类型，与一般神经网络类似，一般分为前向模糊神经网络和反馈模糊神经网络。其中前向模糊神经网络是能够实现模糊映射关系的模糊神经网络；反馈型模糊神经网络是一类可以实现模糊联想和映射的网络。

　　对于模糊神经网络而言，模糊神经元模型和模糊神经网络学习算法是模糊神经网络开发的两个关键技术。

2. 模糊神经元

基本的模糊神经元[144]包括模糊化神经元、模糊逻辑神经元和去模糊化神经元。

1) 模糊化神经元

模糊化神经元是一种可将输入值定量化或标准化的神经元。它接受离散或连续的、确定的或模糊的单元输入，而输出则为由系统模糊变量基本状态隶属函数确定的标准化值。一般选用单输入单输出的形式，其输入-输出关系为

$$\gamma_k = f(x_k) \tag{6.19}$$

式中，γ_k 为模糊化神经元的输出；x_k 为神经元的输入；$f(\cdot)$ 是模糊化函数，通常取分段函数。

2) 模糊逻辑神经元

模糊逻辑神经元是一类多输入单输出类型的神经元，其输入-输出关系为

$$u_k = I_k(x_1, x_2, \cdots, x_m; \omega_{k1}, \omega_{k2}, \cdots, \omega_{km}) \tag{6.20}$$

$$\gamma_k = f(u_k + b_k) \tag{6.21}$$

式中，$x_1, x_2, \cdots, x_m$ 为神经元的 m 个输入，其取值区间为 $[0, 1]$；$\omega_{k1}, \omega_{k2}, \cdots, \omega_{km}$ 是神经元的连接权值，其取值区间为 $[0, 1]$；$f(\cdot)$ 是输出函数，常取单调升函数；I_k 是模糊逻辑函数，可根据需要确定；b_k 为神经元的阈值，γ_{kj} 为神经元输出，取值为 $[0, 1]$。

3) 去模糊神经元

去模糊神经元是一类将以"分布值"表示的输出结果以"确定值"的形式输出的信息处理单元。去模糊化神经元所表达的输入-输出关系为

$$\gamma = f(x_1, x_2, \cdots, x_m) \tag{6.22}$$

式中 $f(\cdot)$ 是去模糊函数。

3. 模糊神经网络学习算法

1) 标准化样本数据

假设有 m 个样本数据，每一个样本包含 n 个样本指标，利用 x_{ij} 表示第 i 个样本的第 j 个指标，则样本数据如表 6.9 所示。

表 6.9　包含 m 个样本数据的被评样本集

	指标 1	指标 2	⋯	指标 n
样本 1	x_{11}	x_{12}	⋯	x_{1n}
样本 2	x_{21}	x_{22}	⋯	x_{2n}
⋮	⋮	⋮		⋮
样本 m	x_{m1}	x_{m2}	⋯	x_{mn}

分别用 $\bar{x}_j$ 和 s_j 表示样本矩阵中第 j 指标列的平均值及标准差。首先对原始样本数据进行标准化处理，可得

$$x'_{ij} = \frac{x_{ij} - \bar{x}_j}{s_j} \qquad i = 1, 2, \cdots, m; j = 1, 2, \cdots, n \qquad (6.23)$$

式中，x'_{ij} 是标准化后的标本数据。然后使用极值标准化公式将标准化后的数据转化到 0～1 区间内，即

$$\hat{x}_{ij} = \frac{x'_{ij} - x'_{j\min}}{x'_{j\max} - x'_{j\min}} \qquad i = 1, 2, \cdots, m; j = 1, 2, \cdots, n \qquad (6.24)$$

其中，$x'_{j\min}$ 为第 j 个指标列 $(x'_{1j}, x'_{2j}, \cdots, x'_{mj})$ 中的最小值，$x'_{j\max}$ 为第 j 个指标列中的最大值，$\hat{x}_{ij}$ 为极值标准化后的指标。

对于隐含层(模糊化层、模糊推理层和去模糊化层)数据，利用统计的方法进行标准化处理，得到模糊隶属度函数，再完成模糊化处理，使其特征值映射到 $[0, 1]$ 区间上[145]。隶属度函数为

$$
\begin{aligned}
S &= \frac{1}{1 + e^{-wg_1(u - wc_1)}} \\
M &= \frac{1}{1 + e^{-wg_2(u - wc_1)}} - \frac{1}{1 + e^{-wg_3(u - wc_2)}} \\
B &= \frac{1}{1 + e^{-wg_4(u - wc_2)}}
\end{aligned}
\qquad (6.25)
$$

式中，S、M、B 分别表示输入样本属性的隶属度值；参数 wg 表示控制 3 个隶属度函数交点处斜率的参数；参数 wc 表示隶属度函数交点，由数列均值 μ 和方差 δ 计算得到。

$$wc_0 = e^{\mu}, \quad wc_1 = e^{\mu - \delta}, \quad wc_0 = e^{\mu + \delta}$$

式中：

$$\mu = \frac{1}{m} \sum_{i=1}^{m} \log u_i, \quad \delta = \sqrt{\frac{1}{k-1} \sum_{i=1}^{k} (\log u_i - \mu)^2}$$

m 为输入样本总数；μ_i 表示第 i 个样本，$i = 1, 2, \cdots, m$。

模糊神经网络的隐含层基本上是一个前馈神经网络，输入层与隐含层之间以及隐含层与输出层之间为全连接，各层内部节点之间是独立的。

2) 网络训练

模糊神经网络的误差函数定义为

$$\text{Err} = \frac{1}{2} \sum_{i=1}^{p} \sum_{j=1, j \neq i}^{p} y_{ij}^2 + \frac{1}{2} \sum_{i=1}^{p} (1 - y_i)^2 = \frac{1}{2} \sum_{i=1}^{p} \left[\sum_{j=1, j \neq i}^{p} y_{ij}^2 + (1 - y_i)^2 \right]$$

$$(6.26)$$

利用梯度优化法，可以得到权值修正公式：

$$\omega_{ij}^{\text{new}} = \omega_{ij}^{\text{old}} + a_t \left| \sum_{j \neq i}^{p} y_{ij} + 1 - y_i \right| \tag{6.27}$$

式中，$a_t = a_0(1 - t/t_{\max})$，表示学习系数，其中 a_0 是原始学习系数，t 是学习次数，$t_{\max}$ 是最大学习次数；y_i 表示第 i 个神经元的输出。

综上所述，模糊神经网络的训练、学习过程如下：

（1）对给定的样本数据 $X = \{x_1, x_2, \cdots, x_m\}$，利用式（6.24）进行标准化处理；

（2）设定误差常数 ε 以及原始学习系数 a_0；

（3）利用式（6.26）对隐含层数据进行模糊化处理，计算网络的总体误差 Err；

（4）判断 Err 是否小于 ε，是则转入步骤（6）；否则转入步骤（5）；

（5）利用式（6.27）调节权值，然后跳转到步骤（3）；

（6）模糊神经网络学习完毕。

6.3.2　井下瓦斯安全决策的模糊神经网络设计

模糊神经网络有多种类型，由于用于井下瓦斯安全决策的模糊神经网络目的在于寻找各种影响因素和瓦斯安全状态之间的相关规律，进而实现预测，因此本小节选用前向模糊神经网络。通常一个前向模糊神经网络由输入层、模糊化层、模糊推理层、去模糊化层和输出层 5 层组成。图 6.3 是一个前向模糊神经网络的拓扑结构。

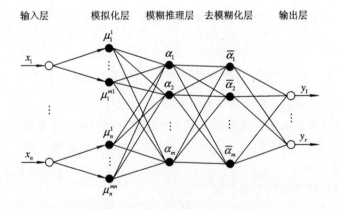

图 6.3　模糊神经网络的拓扑结构

（1）输入层。输入层的作用是将输入值传送给模糊化层中的模糊单元，将输入值转换为一定的模糊度。输入层由多个节点组成。其在此模型中输入节点对应影响井下瓦斯安全状态的因素,如瓦斯浓度(x_1)、CO 浓度(x_2)、温度(x_3)、风速(x_4)、粉尘(x_5)等。

(2) 模糊化层。模糊化层是对模糊信息进行预处理的网层,它提供可供概括化的相互连接与处理,主要用于对来自输入单元的输入数据进行规范化处理,其输出由系统模糊变量基本状态隶属函数所确定。

本小节选用三角形函数作为模糊化函数,其表征的输入-输出模糊关系为 $y_i = f(x_i)^{[146]}$。

如对井下瓦斯浓度压力而言,其模糊含义可由图 6.4 定义的模糊集来确定,指标划分为 5 个等级,即

$$y_i = \begin{cases} 5(\text{危险}) & 1.0 \leqslant x_i \\ 4(\text{较危险}) & 0.8 \leqslant x_i < 1.0 \\ 3(\text{一般安全}) & 0.6 \leqslant x_i < 0.8 \\ 2(\text{较安全}) & 0.4 \leqslant x_i < 0.6 \\ 1(\text{安全}) & x_i < 0.4 \end{cases}$$

其模糊含意可由定义在瓦斯浓度论域上的模糊集来确定,如图 6.4 所示。

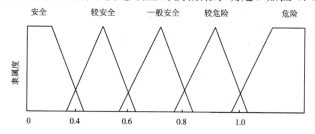

图 6.4　模糊变量"瓦斯浓度"基本状态的隶属函数

类似地,可以将其他指标进行划分,划分结果如表 6.10 所示。

表 6.10　瓦斯灾害影响因素指标划分

瓦斯浓度 /%	温度 /℃	风速 /m·s⁻¹	CO 浓度 /ppm	粉尘 /mg·m³	安全等级
<0.4	14~20	3.0~4.0	<6	<2	安全
0.4~0.6	20~24	1.5~3.0	6~12	2~5	较安全
0.6~0.8	24~28	1.0~1.5	12~18	5~8	一般安全
0.8~1.0	28~30	0.3~1.0	18~24	8~10	较危险
>1.0	>30	<0.3	>24	>10	危险

　　(3)模糊推理层。模糊推理层是前向型模糊神经网络的核心,联系着模糊推理的前提和绪论,其网络参数即为模糊推理过程中前提变量的基本模糊状态和结论变量的基本模糊状态之间的模糊关系,它们是由具体的问题所确定的。该层节点个数的设定可以参考 Timothy Masters 的近似计算公式($u = \sqrt{mn}$, u 为中间层节点数, m 为输入层节点数, n 为输出层节点数),在此后的训练中根据收敛情况动态地增删节点[147]。

　　(4)去模糊化层。去模糊化层接受经中间层处理的数据,并按照模糊度函数将这些数据进行非模糊化处理,将推理绪论变量的分布型基本模糊状态转化成与网络输入值相应的确定性状态的量,即将以"分布值"表示的输出结果以"确定性值"的形式输出。

　　(5)输出层。根据煤矿井下瓦斯安全状态的分级标准,把瓦斯安全状态分为五级,分别为安全、较安全、一般安全、危险、较危险。设定模糊神经网络的输出参数分别为安全(1 0 0 0 0)、较安全(0 1 0 0 0)、一般安全(0 0 1 0 0)、较危险(0 0 0 1 0)和危险(0 0 0 0 1)。即输出层由 5 个节点组成,其作用是给出确定的 5 个状态结果,表示瓦斯安全 5 个等级的可能性,从而实现瓦斯状态的危险性决策分析。

6.3.3　基于模糊神经网络的井下瓦斯安全决策模型的应用

　　利用本课题提出的模糊神经网络方法对阳煤集团三矿 8404 采煤工作面进行瓦斯安全状态决策分析。该工作面位于竖井扩四区东北部,东南部为扩四区采区大巷,西南部为 K8103 工作面(未掘),东北部为 15♯煤层四采区(已采)、上方对应二号井 10403、10405、10407 工作面部分采空区和 10401 工作面部分巷道。利用该工作面历史及邻近工作面的安全资料进行相关分析,最终选取瓦斯浓度、温度、风速、CO 浓度和粉尘 5 个参数作为网络的输入神经元。选择 20 组具有典型特点的邻近工作面环境参数作为样本数据,如表 6.3 所示。

　　使用 Matlab 进行仿真计算,经过学习,训练结果如图 6.5 所示。当训练次数为 2244 次时,训练目标误差达到精度为 0.001 的要求。

　　从训练样本中随机选择 4 组数据和待测 8404 工作面数据作为测试样本。将测试样本的评价指标输入训练好的模糊神经网络,输出结果如表 6.4 所示。从表中可以看出,4 组样本数据的融合结果分别为安全、较安全、一般安全和危险,与表 6.3 给出的训练样本是一致的。通过使用模糊神经网络的预测,从输出值来看,8404 采煤工作面的安全状态评价结果为偏向安全的较安全状态,这与煤矿安全现状综合评价报告得出的评价结果一致,如表 6.11 所示。

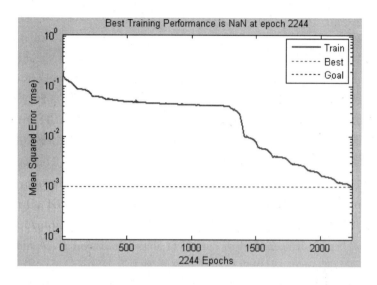

图 6.5　模糊神经网络训练曲线

表 6.11　模糊神经网络融合结果

	测试样本				网络输出				
序号	瓦斯	温度	风速	CO	粉尘	安全	较安全	一般安全	较危险	危险
2	0.26	16.5	3.53	0.85	0.39	0.9691	0.0362	0.0228	0.0234	0.0004
5	0.53	24.1	1.68	11.33	0.93	0.0267	0.9410	0.0592	0.0030	0.0004
10	0.65	26.9	1.21	16.66	1.16	0.0237	0.0335	0.9566	0.0168	0.0005
17	1.15	28.7	0.21	21.09	2.9	0.0000	0.0047	0.0194	0.0457	0.9692
*	0.57	24.7	2.17	4.98	0.77	0.3406	0.7686	0.0535	0.0016	0.0000

6.4　本　章　小　结

　　本章研究了基于信息融合技术的井下瓦斯安全状态的决策分析。在对影响井下瓦斯安全的监测参数特征提取的基础上，分别应用灰色关联分析、动态模糊评价和模糊神经网络方法对井下环境危险等级进行判断和决策。灰色关联分析和动态模糊评价首先需要建立标准样本等级，根据被测样本与标准样本的"距离"判断该样本的安全等级，可以完成孤立样本的安全评价；模糊神经网络方法以邻近矿井或本矿井的历史数据为基础进行模糊神经网络的训练，利用训练的网络评价被测样本的安全等级，模糊神经网络以自身或相近条件的矿井数据为参考对象。

实验结果表明：基于灰色关联分析的井下瓦斯状态预测模型性能良好，预测精度较高，预测结果与实际评价结果的相似度达到了工程的要求，可以为煤矿的安全生产提供参考；基于动态模糊评价的预测模型精度与各个等级的隶属度密切相关，并且每个等级的预测结果还受到相邻的等级隶属度取值的影响，可以通过调整参数的方法提高预测的精确度，在隶属度设置正确的情况下预测结果的精确度超过 90％，可以辅助瓦斯安全的决策判断；基于模糊神经网络的预测方法结合了神经网络和模糊理论的优点，既可以处理模糊信息，又可以自适应地调整参数，同时预测结果基本与实际评价结果一致，预测的精确度非常高，但是模糊神经网络方法需要有一定数量的先验样本的支持。

对影响井下瓦斯安全的煤矿监测参数进行特征提取，选择瓦斯浓度、温度、风速、CO 浓度、粉尘作为瓦斯安全预测的决策因素，分别应用灰色关联分析、动态模糊评价和模糊神经网络方法对井下瓦斯安全进行判断和决策。灰色关联分析和动态模糊评价首先需要建立标准等级，根据被测样本与标准样本的"距离"判断该样本的安全性；模糊神经网络方法以邻近矿井或本矿井的先验样本为基础进行模糊神经网络的训练，以此评价被测样本的安全等级。

第 7 章　基于声发射特性的突出预测研究

　　煤岩是一种非均匀质体，其中存在着各种小裂隙、孔隙等，使得煤岩体受外力作用时会在有缺陷的部位产生应力集中，发生突发性的破裂，释放出聚集在煤岩体中的能量，并向外以弹性波的形式进行传播，这就是煤岩体在地应力、瓦斯压力以及采掘作用等共同作用下产生的声发射（AE）现象[148]。

　　煤与瓦斯突出在时间上分为准备、发动、发展和结束四个阶段。煤与瓦斯突出预测是要在准备及发动阶段根据得到的前兆信息来判断瓦斯突出危险性。煤岩试样在不同的变形破坏阶段所产生的声发射信号有着不同的特征，并且岩石试样的均匀程度越差，产生的声发射信号就会越强。由此可见，煤体在变形破裂的过程中伴随产生声发射信号，而声发射信号又能够比较准确地反映出煤与瓦斯突出前的变化发展过程。因此，建立基于声发射特性的含瓦斯煤体的失稳破坏准则，对于预测煤与瓦斯突出具有重要的意义。

7.1　声发射信号特征参数和常用处理方法

　　声发射信号是一种脉冲式波形信号，该波形信号不能直接使用，必须对其进行特征参数的提取，根据提取后的参数值大小及其变化情况进行灾害预测或评价。一般情况下，常用的 AE 信号特征参数包括事件数、大事件、能量、振幅和频率等。其特点如下：

　　（1）声发射事件计数：岩石等材料一个固有缺陷被启动，释放一次弹性应力波称为一个声发射事件，反映了材料固有缺陷的数量和启动缺陷的总量和频度，用于缺陷源的活动性和缺陷动态变化趋势评价。

　　（2）声发射事件率：单位时间内的声发射事件数，反映了声发射的频度和岩体的破坏过程。

　　（3）总事件：一段时间内的声发射事件的累积次数。

（4）大事件：单位时间内超过一定限度的声发射次数。

（5）声发射能量：以各个 AE 波形最大振幅的平方和作为相对指标，反映岩体声发射强度和能量释放的相对指标。

（6）能率：单位时间内的岩体声发射能量相对累计，是岩体破裂及尺寸变化程度的重要标志，综合概括了事件频度、事件振幅及振时变化的总趋势[149]。

AE 信号指标的统计方法是决定灾害预测预报准确与否的关键。

声发射信号的常用处理方法包括下列几种：

（1）特征参数法。由于受限于信号处理技术，早期的声发射监测仪器不具备很强的对 AE 信号瞬态波形的捕捉和实时处理能力，所以较多地使用特征参数法[150]。该方法相比较而言较为简单，对仪器硬件的要求也不高，容易实现实时监测，其优点是分析速度快，可实现实时处理。

（2）波形分析法。波形分析指的是对 AE 信号的时域波形或频谱特性进行分析，从而得到信息的一种信号处理方法[151]。理论上波形分析必须能够提供所有有用的信息，所以用波形来描述声发射源特征是比较准确的方法。然而，声发射监测系统监测到波的性质非常复杂，并且还具有各种噪声，对每一次到达波的物理性质进行鉴别是非常必要的。

（3）频谱分析法。频谱分析方法包括经典谱分析和现代谱分析，是处理声波信号非常基本的分析方法之一。但信号的频谱分析要求被分析的信号是周期性的平稳信号，并且频谱分析是一种忽略局部信息变化的全局分析方法，而声发射信号是一种随着时间变化的非平稳信号，所以利用频谱分析不是对声发射信号特征分析的有效方法[152]。

（4）小波分析法。小波分析方法是一种窗口形状可以改变，但大小固定、时间窗和频率窗可改变的时频局域化分析方法。正是由于小波分析具备很好的时域局部化特性，所以可以利用小波分析对类似于声发射的非平稳信号做消噪处理，并提取出声发射源的相关信息。

7.2　煤层工作面噪声分析

根据文献可知工作面作业噪声的频率特征如下：

· 落煤声：频谱范围比较宽，主频在 50～600 Hz，与有效声发射信号相似。

· 掘进放炮噪声：频谱比较低，主频在 80～200 Hz，振幅变化较大。

· 大直径钻机作业噪声：主频大约在 100～200 Hz，噪声信号连续性不好，信号时间间隔不规律，振幅波动大。

· 风钻作业噪声：主频大约在 300～700 Hz，噪声信号持续发生，振幅较平稳。

· 震动放炮噪声：主频在 400～500 Hz，振幅变化较大。

· 风煤钻作业噪声：主频大约在 500～600 Hz，噪声信号持续发生且振幅比较低。

· 风镐作业噪声：主频大约为 800 Hz，频谱比较稳定，噪声信号周期发生，波形持续时间短且振幅一致。

· 电煤钻作业噪声：主频在 1500～1750 Hz，空载时振幅比较稳定，当打钻时振幅随载荷的变化发生相应的波动。

分析上述作业噪声可知，作业噪声的频谱范围大致在 80～2000 Hz。与有效声发射信号相比，在波形上作业噪声与有效的声发射信号存在着相似之处，而且两者在频谱上有重叠[153]。

7.3　基于改进突变理论的声发射预测模型

含瓦斯煤体的破坏预测是研究煤与瓦斯突出的关键因素之一，能否准确预测含瓦斯煤体的破坏对于预防和治理煤与瓦斯突出具有重要意义。因此，必须采用定量描述的办法才能找到适合含瓦斯煤体破坏预测的突变模型。本小节采用灰色理论和突变理论相结合的方法，首先运用灰色理论对原始数据进行白化处理，得到预测数据，再运用数学原理对所得曲线进行拟合展开，最后转换为尖点突变模型的基本形式建立判据，从而实现预测含瓦斯煤体的破坏。

7.3.1　基于 GM(1，1)的含瓦斯煤体分析模型

声发射事件是一个时间序列，可通过建立声发射序列的灰色 GM(1，1) 模型来预测含瓦斯煤体的破坏发展过程。本小节采用二次参数拟合法来对含瓦斯煤体的破坏过程进行分析研究。

根据 GM(1，1) 模型的建模步骤，首先假设 $x^{(0)}$ 为原始声发射数据序列，记 $x^{(0)} = \{ x^{(0)}(1)，x^{(0)}(2)，\cdots，x^{(0)}(n) \}$，其中 $x_1，x_2，\cdots，x_n$ 是在时间序列 t_1，$t_2，t_3，\cdots，t_n$ 时得到的原始声发射数据。为了对原始数据离乱的特性加以显化，对原始数据序列作累加生成白化处理，即 1－AGO 处理，则生成的相应一次累加生成序列为

$$\begin{cases} x^{(1)} = \{x^{(1)}(1), \, x^{(1)}(2), \, \cdots, \, x^{(1)}(n)\} \\ x^{(1)}(k) = \sum_{i=1}^{k} x^{(0)}(i) \qquad k = 1, 2, \cdots, n \end{cases} \tag{7.1}$$

则 $x^{(0)}$、$x^{(1)}$ 符合灰导数的条件，可建立灰色系统 GM(1, 1) 方程：

$$x^{(0)}(k) + ax^{(1)}(k) = b \tag{7.2}$$

式(7.2)中的参数向量 $\hat{a} = [a, b]^{\mathrm{T}}$ 可以运用最小二乘法估计式确定：

$$\hat{a} = (\boldsymbol{B}^{\mathrm{T}} \boldsymbol{B})^{-1} \boldsymbol{B}^{\mathrm{T}} \boldsymbol{Y} \tag{7.3}$$

式中：

$$\boldsymbol{Y} = \begin{bmatrix} x_2^{(0)} \\ x_3^{(0)} \\ \vdots \\ x_n^{(0)} \end{bmatrix}^{\mathrm{T}}, \quad \boldsymbol{B} = \begin{bmatrix} -x_2^{(1)} & 1 \\ -x_3^{(1)} & 1 \\ \vdots & \vdots \\ -x_n^{(1)} & 1 \end{bmatrix}$$

该模型的白化微分方程为

$$\frac{\mathrm{d}x^{(1)}}{\mathrm{d}t} + ax^{(1)} = b \tag{7.4}$$

可求得该微分方程的解为

$$\hat{x}^{(1)}(t+1) = \left(x_{(0)}(1) - \frac{b}{a}\right)\mathrm{e}^{-at} + \frac{b}{a} \tag{7.5}$$

　　参数 a 为声发射发展系数，反映了声发射数据的发展态势；参数 b 为声发射灰色作用量，反映了数据变化的关系。为了进一步提高灰色 GM(1, 1) 模型的预测精度，还可以再对模型各参数进行二次拟合处理。

7.3.2　突变理论

　　20 世纪 70 年代，法国数学家 Thom 提出了突变理论，该理论主要是研究系统的状态随外界控制参数连续变化而发生不连续变化的数学理论[154-157]。在自然界中，很多现象都存在突变现象，如金属的相变、细胞的分裂和建筑物的垮塌等。

　　含瓦斯煤体存在着与外界环境不断进行的物质和能量的交换，是一个开放的、非线性的动力系统。含瓦斯煤体受载破坏是应力、应变、能量等多因素耦合作用的结果，破坏瞬间是含瓦斯煤样突变的过程。含瓦斯煤样的失稳破坏具有共同的特点是：在含瓦斯煤样即将破坏的临界点附近，外界条件的微变将导致系统宏观状态的突变。突变理论特别适用于内部作用尚属于未知系统的研究，应用突变理论研究含瓦斯煤样的突变过程，可以较准确地预测含瓦斯煤样的失稳与破坏。

　　一个系统所处的状态可以用一组参数来描述，而动态系统可以用动态参数或结构时变模型来描述。当系统处于稳定态时，标志该系统状态的某个函数取唯一的极值，当参数在某个范围内变化，该函数有不止一个极值时，该系统必定处于不稳定状态。所以，从数学的角度考察一个系统是否稳定，常常求出函数的极值，极值点即导数为零的点就是最简单的奇点。如果设函数 $F_{u,v}(x)$，其中 u、v 为参数，那么求函数 $F_{u,v}(x)$ 的临界点就是求微分方程的解，当给定 u、v 的值时，有

$$\frac{\mathrm{d}}{\mathrm{d}x}F_{u,v}(x) = 0 \tag{7.6}$$

　　根据上式，即可以求得一个或几个临界点。因此，临界点可以看做是参数 u、v 的单值或多值函数。我们研究系统的稳定或不稳定性，就是研究函数 $F_{u,v}(x)$ 的极小值变化问题，而函数 $F_{u,v}(x)$ 常称为位势函数，简称势函数。这种利用势函数来研究不连续函数的方法，就是突变理论。

　　下面介绍突变理论的几个基本概念。

　　1. 结构稳定性

　　判断一个系统是不是稳定结构，即判断该系统的势函数是不是稳定结构，这在数学上一般通过施加任意扰动来观察被扰动的势函数有无定性性质的变化。如果被扰动的势函数与原来未被扰动的势函数具有相同的结构，则该势函数是结构稳定的，即该系统是结构稳定的。

　　2. 奇点理论

　　某一系统的状态可由一组参数来描述，当系统处于稳定状态时，则此时该系统状态的某个函数取唯一的极值；反之，当参数在某个范围内变动，该函数有两个以上的极值时，则该系统此时必处于不稳定状态。因此要从数学的角度考察一个系统是否处于稳定，就必须求出该函数的导数为零的点，在相空间表现为奇点。

　　3. 平衡曲面和分叉点集

　　在突变理论中将可能出现突变的量称为状态变量，连续变化的因素称为控制变量。控制变量的连续变化可以导致势函数在奇点附近的突变，而在其他地方，势函数则为光滑而无突变。

　　突变类型的数目并不是取决于状态变量的数目，而是取决于控制参数的数目。当控制参数 $r \leqslant 4$ 时，有 7 种不同类型的初等突变，即折叠、尖点、燕尾、蝴蝶、双曲脐点、椭圆脐点和抛物脐点。在突变理论里，我们把可能出现的那些变量称为状态变量，而把引起突变的原因变量、连续变化的因素称为控制变

量。含瓦斯煤样的破坏过程具有突然性，可以利用突变理论预测含瓦斯煤样的破坏。目前，被利用的突变理论均为初等突变理论，最为常用的是尖点突变模型。

尖点突变模型为常见的突变模型，势能函数的标准形式为

$$V(x) = \frac{1}{4}x^4 + \frac{1}{2}px^2 + qx \tag{7.7}$$

式中：x 表示状态变量；p、q 表示控制变量。

7.3.3　基于改进突变理论的煤与瓦斯突出预测模型

灰色理论的二次拟合参数法对原始数据的处理具有较好的效果，为了对原始数据进行预测，需对预测得到的数据进行数学拟合处理，得到

$$y = \alpha_0 + \alpha_1 t + \alpha_2 t^2 + \alpha_3 t^3 + \alpha_4 t^4 \tag{7.8}$$

令 $t = P - q$，$q = \dfrac{\alpha_3}{4\alpha_4}$，代入式(7.8)，则有

$$y = \beta_0 + \beta_1 P + \beta_2 P^2 + \beta_4 P^4 \tag{7.9}$$

式中：

$$
\begin{cases}
\beta_0 = \alpha_0 - \alpha_1 q + \alpha_2 q^2 - \dfrac{3}{4}\alpha_3 q^3 \\[2mm]
\beta_1 = \alpha_1 - 2\alpha_2 q + 2\alpha_3 q^2 \\[2mm]
\beta_2 = \alpha_2 - \dfrac{3}{2}\alpha_3 q \\[2mm]
\beta_4 = \alpha_4
\end{cases}
$$

若令 $u = \dfrac{\beta_2}{\sqrt{|\beta_4|}}$，$v = \dfrac{\beta_1}{\sqrt[4]{|\beta_4|}}$，则式(7.9)变为

$$y = P^4 + uP^2 + vP + c \tag{7.10}$$

即为尖点突变模型的标准形式，其中 P 为状态变量，u、v 为控制变量。对于具体的声发射过程，y 为反映声发射过程的参数，P 为反映力学过程的力学参量，u、v 为反映力学过程同声发射过程之间联系的参数。

平衡曲面方程为

$$4P^3 + 2uP^2 + v = 0 \tag{7.11}$$

判别准则为

$$T = 8u^3 + 27v^2 \tag{7.12}$$

$T > 0$ 时无突出危险；$T = 0$ 时处于临界状态；$T < 0$ 时具有突出危险性。

7.4　实 例 分 析

为了验证本小节算法的有效性,以某进风顺槽 2008 年 10 月 2 日 0:30 到 5:30 的监测数据为例进行验证实验研究[158]。监测采集数据以 5 min 为单位对该进风顺槽的声发射小事件数进行 260 次采集。采集数据如图 7.1 所示,X 轴代表监测数据的采集时刻,Y 轴表示声发射小事件数。

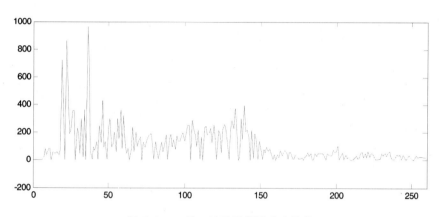

图 7.1　10 月 2 日进风顺槽小事件数

2008 年 10 月 1 日 23 时 18 分进风顺槽放炮,在放炮 74 分钟后,即 $t=1$ 时刻开始出现了小规模矿压活动,持续了近 2 小时 20 分钟至 $t=140$ 时开始减弱。这次动力现象之所以没有突出,还是地应力不足够大,从图中也可以看出,只有大量的小事件发生,并没有多少大事件发生;矿压活动持续了 2 小时 20 分钟后,地应力逐渐达到了平衡,出现了矿压活动逐渐减弱的现象。如果地应力足够大,破坏力足够强,很有可能就会发生突出。

基于本小节突出判别式得到的判别序列如图 7.2 所示。从图中可以看到,在 $t=10$、19、22、37 时刻,判别式的值超过了正常值。对比图 7.3 所示的 2σ 法,同时是在 $t=19$、22、37 时刻发生异常,和本小节预测方法基本一致。只有在 $t=10$ 时刻,在小事件数不太多的情况下也预测了突出危险,属于误报,分析其原因可能与预测算法有关,在实际应用中应该做进一步的处理。

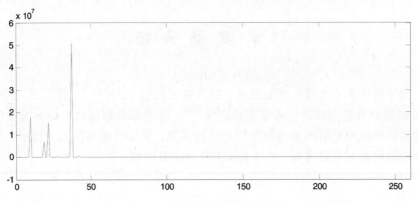

图 7.2　10 月 2 日进风顺槽小事件数预测突出危险判定

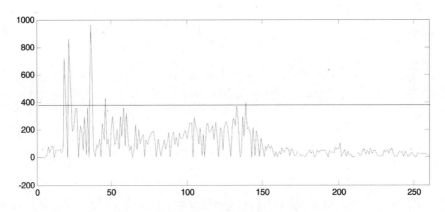

图 7.3　10 月 2 日进风顺槽小事件数预测突出 2σ 法判定

7.5　本章小结

　　本章以灰色理论为基础，结合含瓦斯煤样破坏失稳过程中的声发射特征，建立了以声发射特征为基础数据的含瓦斯煤样破坏失稳的灰色判断模型；以适合对含瓦斯煤样破坏失稳进行判断的尖点突变理论为核心，建立起了以声发射特性数据为基础的含瓦斯煤样破坏失稳的尖点突变判断模型，最后通过实例验证了算法的有效性。

第 8 章 结 束 语

8.1 主要工作与创新

长期以来，瓦斯灾害一直是我国煤矿企业中危害最大自然灾害，近年来我国瓦斯灾害更是频繁发生，不但造成了大量的人员伤亡，而且还造成了严重的经济损失。煤矿瓦斯是一个含多因素的动态系统，在井下采掘的过程中会受到煤层赋存条件、瓦斯地质条件和开采技术条件等诸多因素的影响，并且瓦斯涌出具有不均衡性和多变性，给瓦斯灾害的预测和防治带来了极大的困难。但是瓦斯灾害同其他客观事物一样，有一个从量变到质变的过程，在灾害发生之前会产生一定的征兆。因此只要对影响瓦斯变化的各种因素深入分析处理，掌握瓦斯灾害的产生、发展和突变的规律，及时采取适当措施，就能降低灾害带来的损失，甚至避免灾害的发生。

信息融合是一门协同利用多源信息进行决策的综合性学科，旨在获得更精确和更稳定的性能，其数学本质就是多变量决策。因此将信息融合技术引入到煤矿瓦斯灾害预测防治中，不但综合考虑了各影响因素对瓦斯灾害发生的影响，并且还可以充分利用先验样本携带的信息对当前井下安全状态进行评价。本书依托信息融合技术的最新理论和方法，深入研究煤矿监测系统中采集的各种监测参数信息，挖掘了井下环境危险性与各种监测指标之间的潜在关系，在此基础上提出了瓦斯安全状态的评价和事故预测的理论模型与技术方法，并且得到了实际效果的验证。

本书的主要研究内容包括以下几个方面：

（1）系统地研究了信息融合技术的层次模型、体系结构和功能模型，重点研究与瓦斯预测关系密切的数据级融合和决策级融合算法，分析其中存在的优缺点，为构造合理的瓦斯预测融合模型提供了理论基础。

（2）结合灰色系统理论和时间序列理论处理数据序列的优点，提出了一种基于自相关分析的灰插值算法，应用于瓦斯缺失数据的填充处理。该算法采用相关分析法计算最佳的预测数据个数，并以此作为灰插值的有效建模时区窗口的长度，然后分别建立前向灰预测模型和后向灰预测模型，生成灰插值信息覆盖区间，并经过优化组合系数对缺失值进行推理，最后通过仿真实验证明了该算法的有效性。

（3）提出了一种改进的分批估计算法对多传感器采集到的瓦斯监测数据进行初级融合处理，在不需要剔除失效数据的情况下，利用分批估计理论计算出一个初步的估计值作为近似精确值，基于传感器的监测值与估计值之间的方差调节各传感器的融合权重，通过多步融合逐渐弱化误差较大传感器对融合值的影响。实验表明，相对于加权平均算法和分批估计算法，该算法更准确、更可靠。

（4）提出了一种基于 GMAR 模型的在线瓦斯异常检测方法，其基本思想是以预测值与参考窗口之间的似然比作为瓦斯异常判断的依据。GMAR 模型以煤矿瓦斯监控系统所采集的瓦斯数据为基础，利用灰色预测模型预测下一时刻的监测值，将预测值与参考滑动窗口之间的似然比作为决策函数。应用结果表明，对于异常数据，该模型能够较为明显地检测出异常特征；而对于正常数据，模型也能较好地反映其非异常性。

（5）研究了基于信息融合技术的井下瓦斯危险性预测与评价。首先对影响井下瓦斯安全的瓦斯监测参数进行特征提取，选择瓦斯浓度、温度、风速、CO浓度、粉尘作为融合评价的决策因素，分别应用灰色关联分析、动态模糊评价和模糊神经网络方法对井下瓦斯安全等级进行判断和决策。灰色关联分析和动态模糊评价首先需要建立安全评价的等级标准，根据被测样本与标准等级样本的"距离"判断该样本的安全等级，可以完成孤立样本的安全评价；模糊神经网络方法以先验样本为基础进行模糊神经网络的训练，利用训练的网络评价被测样本的安全等级，模糊神经网络以自身或相近条件的矿井数据为参考对象，因此具有较高的准确性。

（6）以灰色理论为基础，结合含瓦斯煤样破坏失稳过程中的声发射特征，建立了以声发射特征为基础数据的含瓦斯煤样破坏失稳的灰色判断模型；以适合对含瓦斯煤样破坏失稳进行判断的尖点突变理论为核心，建立起了以声发射特性数据为基础的瓦斯突出的尖点突变预测模型，最后通过实例验证了算法的有效性。

8.2　进一步研究方向

本书应用信息融合理论和非线性理论对煤矿瓦斯灾害的防治进行了系统的

研究，虽然取得了一定的成果，但是由于受到一些客观条件的限制，还需要对以下内容作进一步的研究：

（1）本书的研究成果的应用对象仅限于阳煤集团下属的高瓦斯矿井，所研究成果对于其他煤矿以及低瓦斯矿井是否适应有待于进一步的研究。

（2）使用基于 GMAR 模型的在线瓦斯异常检测算法对瓦斯灾害事故进行预警，但是该算法仅针对于瓦斯浓度这一监测参数进行研究，而瓦斯是受多种因素影响的一个动态系统，如何融合其他监测参数进一步提高检测算法的精确度，是一个值得深入研究的课题。

（3）本书给出了三种不同的方法进行矿井瓦斯灾害的决策评价，这几种方法原理不同，所得出的结果也不尽相同，可以采取一定的方法对各种决策结果进行进一步的融合，提高决策评价的精确度。

参 考 文 献

[1]　White F E. A Model for Data Fusion[M]. Orlando: Proc. 1st National Symposium on Sensor Fusion, 1988.

[2]　Steinberg A, Bowman C, White F E. Revisions to the JDL Data Fusion Model[C]. Orlando: Sensor Fusion Proceedings of the SPIE, 1999.

[3]　White F E. Data Fusion Lexicon[Z]. San Diego: Joint Directors Of Laboratories, Technical Panel For C3, Data Fusion Sub - panel, Naval Ocean System Center, 1987.

[4]　Waltz E, Llinas J. Multisensor Data Fusion[M]. Norwood, Massachusets: Artech House Publishers, 1990.

[5]　Hall D L, Llinas J. An introduction to multisensor data fusion[J]. Proceedings of the IEEE. 1997, 85(1): 6 - 23.

[6]　Klein L A. Sensor and Data Fusion Concepts and Applications[M]. Bellingham, USA: Society of Photo - Optical Instrumentation Engineers, 1999.

[7]　Dasarathy B V. Sensor Fusion Potential Exploitation - innovative Architectures and Illustrative Applications[J]. Proceedings of the IEEE, 1997, 85(1): 24 - 38.

[8]　Shahbazian E, Blodgett D E, Labbé P. The Extended OODA Model for Data Fusion Systems[C]. Canada: Proc. of 2001 International Conference on Information Fusion, 2001.

[9]　Mark B, Jane O B J. The Omnibus Model: A New Model of Data Fusion [C]. California, USA: Proc. of 1999 International Conference on Information Fusion, 1999.

[10]　Zhang M H, Xu Q S, Massart D L. Averaged and weighted average partial least squares[J]. Analytica Chimica Acta. 2004, 504(2): 279 - 289.

[11]　Liou T, Wang M J. Fuzzy weighted average: An improved algorithm [J]. Fuzzy Sets and Systems. 1992, 49(3): 307 - 315.

[12]　Kalman R E. A New Approach to Linear Filtering and Prediction Prob-

lems[J]. Transactions of the ASME - Journal of Basic Engineering. 1960, 82: 35 - 45.

[13] Hotop H. New Kalman filter algorithms based on orthogonal transformations for serial and vector computers[J]. Parallel Computing. 1989, 12(2): 233 - 247.

[14] Martz H, Burris A, Bruckner L, et al. Kalman filter estimation of monthly U. S. oil imports[J]. Energy. 1986, 11(3): 271 - 280.

[15] Husain T. Kalman filter estimation model in flood forecasting[J]. Advances in Water Resources. 1985, 8(1): 15 - 21.

[16] Tsai C, Kurz L. An adaptive robustizing approach to kalman filtering [J]. Automatica. 1983, 19(3): 279 - 288.

[17] Bagchi A. A new martingale approach to Kalman filtering[J]. Information Sciences. 1976, 10(2): 187 - 192.

[18] Dempster A P. Upper and lower probabilities induced by a multivalued mapping[J]. Annals of Mathematieal Statistes. 1967, 38: 325 - 339.

[19] Shafer G. A mathematieal theory of evidence[M]. Princeton N J: Princeton University Press, 1976.

[20] Benferhat S, Saffiotti A, Smets P. Belief functions and default reasoning[J]. Artificial Intelligence. 2000, 122(1 - 2): 1 - 69.

[21] Da Silva W T, Milidi R L. Algorithms for combining belief functions [J]. International Journal of Approximate Reasoning. 1992, 7(1 - 2): 73 - 94.

[22] Dubois D, Prade H. Evidence, knowledge, and belief functions[J]. International Journal of Approximate Reasoning. 1992, 6(3): 295 - 319.

[23] Strat T M. Decision analysis using belief functions[J]. International Journal of Approximate Reasoning. 1990, 4(5 - 6): 391 - 417.

[24] Schneider C. Structural inference and a modification of Dempster's combination rule[J]. Computational Statistics & Data Analysis. 1990, 10(3): 331 - 338.

[25] Orponen P. Dempster's rule of combination is ♯P - complete[J]. Artificial Intelligence. 1990, 44(1 - 2): 245 - 253.

[26] Yager R R. On the dempster - shafer framework and new combination rules[J]. Information Sciences. 1987, 41(2): 93 - 137.

[27] Buckley J J, Hayashi Y. Fuzzy Neural Networks: A Survey[J]. Fuzzy

Sets and System. 1994, 16(6): 1 - 13.

[28] 韩静, 陶云刚. 基于 D - S 证据理论和模糊数学的多传感器数据融合算法[J]. 仪器仪表学报. 2000, 12(6): 644 - 647.

[29] 荣莉莉, 王众托. 利用模糊神经网络实现数值信息与语言信息的融合[J]. 控制与决策. 2001, 16(6): 958 - 961.

[30] 黄鲲, 陈森发, 周振国, 等. 基于粗集理论和证据理论的多源信息融合方法[J]. 信息与控制. 2004, 33(4): 422 - 426.

[31] Zadeh L A. Fuzzy sets[J]. Journal of Information and Control. 1965, 8(3): 338 - 353.

[32] Zadeh L A. Fuzzy sets and their application to classfication and clustering[M]. New York: Academic Press, 1977.

[33] Binaghi E, Brivio P A, Ghezzi P, et al. A fuzzy set - based accuracy assessment of soft classification[J]. Pattern Recognition Letters. 1999, 20(9): 935 - 948.

[34] Du R X, Elbestawi M A, Li S. Tool condition monitoring in turning using fuzzy set theory[J]. International Journal of Machine Tools and Manufacture. 1992, 32(6): 781 - 796.

[35] Dubois D, Prade H. Fuzzy sets in approximate reasoning, Part 1: Inference with possibility distributions[J]. Fuzzy Sets and Systems. 1991, 40(1): 143 - 202.

[36] Lakov D. Fuzzy sets and fuzzy logic, theory and applications : George J. Or and Bo Yuan Prentice Hall, Englewood Cliffs, NJ, ISBN 0 - 13 - 101171 - 5[J]. Fuzzy Sets and Systems. 1996, 84(1): 114.

[37] Graham I. Fuzzy set theory and its applications (2nd Edition) : This book by H. - J. Zimmermann is published by Kluwer Academic Publisher, Dordrecht (1991, 399 pp, US$ 69. 95, ISBN 0 - 7923 - 9075 - X). [J]. Fuzzy Sets and Systems. 1991, 42(3): 401 - 402.

[38] Jing Z. Neural network - based state fusion and adaptive tracking for maneuvering targets[J]. Communications in Nonlinear Science and Numerical Simulation. 2005, 10(4): 395 - 410.

[39] Kang S, Park S. A fusion neural network classifier for image classification[J]. Pattern Recognition Letters. 2009, 30(9): 789 - 793.

[40] Zeng W, Chen N. Artificial neural network method applied to enthalpy of fusion of transition metals[J]. Journal of Alloys and Compounds.

1997，257(1 - 2)：266 - 267.

[41] Mcculloch W S，Pitts W. A logical calculus of the ideas immanent in nervous activity[J]. Bulletin of Mathematical Biophysics. 1943(5)：115 - 133.

[42] Kunihiko F. A self - organizing neural network model for a mechanism of pattern recognition unaffected by shift in position [J]. Biological Cybernetics. 1980，36(4)：193 - 202.

[43] Li S，Kwok J T，Wang Y. Multifocus image fusion using artificial neural networks[J]. Pattern Recognition Letters. 2002，23(8)：985 - 997.

[44] Lure Y M F，Grody N C，Chiou Y S P，et al. Data fusion with artificial neural networks for classification of earth surface from microwave satellite measurements[J]. Telematics and Informatics. 1993，10(3)：199 - 208.

[45] Ranganath H S，Kerstetter D E，Sims S R F. Self partitioning neural networks for target recognition[J]. Neural Networks. 1995，8(9)：1475 - 1486.

[46] Tzafestas S G，Stamou G B. An improved neural network for fuzzy reasoning implementation[J]. Mathematics and Computers in Simulation. 1996，40(5 - 6)：565 - 576.

[47] 王魁军. 矿井瓦斯防治技术优选：瓦斯涌出量预测与抽放[M]. 徐州：中国矿业大学出版社，2008.

[48] 国发(2005)18 号国务院令. 国务院关于促进煤炭工业健康发展的若干意见[R]. 国务院，2005.

[49] 国家安全生产监督管理总局调度统计司. 2008 煤炭生产统计数据[Z]. 2008：2009，4181.

[50] 周世宁. 煤层瓦斯赋存与流动理论[M]. 北京：煤炭工业出版社，1999.

[51] 何学秋. 含瓦斯煤岩流变动力学[M]. 徐州：中国矿业大学出版社，1995.

[52] 柴兆喜. 各国煤和瓦斯突出概况[J]. 世界煤炭技术. 1984，14(4)：15 - 19.

[53] 张铁岗. 矿井瓦斯综合治理技术[M]. 北京：煤炭工业出版社，2001.

[54] 俞启香. 矿井瓦斯防治(爆炸防治) [M]. 徐州：中国矿业大学出版社，1992.

[55] 周心权，陈国新. 煤矿重大瓦斯爆炸事故致因的概率分析及启示[J]. 煤

炭学报. 2008, 33(1): 42 - 46.

[56] 周心权, 邬燕云, 朱红青, 等. 煤矿灾害防治科技发展现状及对策分析[J]. 煤炭科学技术. 2002(01): 3 - 7.

[57] 国家安全生产监督管理局. 煤矿安全规程[S]. 2005.

[58] 中国煤炭工业劳动保护科学技术学会. 瓦斯灾害防治技术[M]. 北京: 煤炭工业出版社, 2007.

[59] Jalali J. A Coalbed Methane Simulator Designed for the Independent Producers[D]. West Virginia University, 2004.

[60] Airey E M. Gas emission from broken coal: an experimental and theoretical investigation[J]. International Journal of Rock Mechanics and Mining Sciences. 1968, 5(4): 475 - 494.

[61] Ettinger I L, Lidin G D, Dimitiev A M. Systematic handbook for the determination of the methane content of coal seams from the seam gas pressure and the methane capacity of coal[M]. USSR: Institute of Mining Academy of Science, 1958.

[62] Noack K. Control of gas emissions in underground coal mines[J]. International Journal of Coal Geology. 1998, 35(4): 57 - 82.

[63] Leszek W L. Gas emission prediction and recovery in underground coal mines[J]. International Journal of Coal Geology. 1998, 35(4): 117 - 145.

[64] 姜文忠, 霍中刚, 秦玉金. 矿井瓦斯涌出量预测技术[J]. 煤炭科学技术. 2008, 36(06): 1 - 4.

[65] 王兆丰. 矿井瓦斯涌出量分源预测法及其应用[J]. 煤矿安全. 1991(1): 9 - 13.

[66] 袁崇孚, 张子戍. 瓦斯地质数学模型法预测矿井瓦斯涌出量研究[J]. 煤炭学报. 1999, 24(4): 368 - 372.

[67] 曾勇, 吴财芳. 矿井瓦斯涌出量预测的模糊分形神经网络研究[J]. 煤炭科学技术. 2004, 32(2): 62 - 65.

[68] 伍爱友, 田云丽, 宋译, 等. 灰色系统理论在矿井瓦斯涌出量预测中的应用[J]. 煤炭学报. 2005, 30(5): 589 - 592.

[69] 黄为勇, 童敏明, 任子晖. 基于SVM的瓦斯涌出量非线性组合预测方法[J]. 中国矿业大学学报. 2009, 38(02): 234 - 239.

[70] 刘祖德, 赵云胜. 煤矿瓦斯监控系统趋势预测技术[J]. 煤矿安全. 2007, 38(03): 57 - 59.

[71]　程健，白静宜，钱建生，等. 基于混沌时间序列的煤矿瓦斯浓度短期预测[J]. 中国矿业大学学报. 2008，37(02)：231 - 235.

[72]　邵良杉. 基于粗糙集理论的煤矿瓦斯预测技术[J]. 煤炭学报. 2009，34(03)：371 - 375.

[73]　邵良杉，付贵祥. 基于数据融合理论的煤矿瓦斯动态预测技术[J]. 煤炭学报. 2008，33(05)：551 - 559.

[74]　周世宁. 煤层瓦斯赋存与流动理论[M]. 北京：煤炭工业出版社，1999.

[75]　K I，I N，Y W. AE activity in cross - measure derivates against out-burst - prone coal seams - study on AE activity prior to gas outburst (1st report)[J]. Journal of the Mining and Metallurgical Institute of Japan. 1988，1206(104)：495 - 503.

[76]　石显鑫，蔡栓荣，冯宏. 利用声发射技术预测预报煤与瓦斯突出[J]. 煤田地质与勘探. 1998(26)：60 - 65.

[77]　王恩元，何学秋，刘贞堂，等. 煤体破裂声发射的频谱特征研究[J]. 煤炭学报. 2004，29(03)：289 - 292.
　　　En - Yuan Wang，Xue - Qiu He，Zhen - Tang Liu，等. Study on frequency spectrum characteristics of acoustic emission in coal or rock deformation and fracture[J]. 2004，29(03)：289 - 292.

[78]　苏文叔. 利用瓦斯涌出动态指标预测煤与瓦斯突出[J]. 煤炭工程师. 1996(05)：1 - 7.

[79]　何学秋，刘明举. 含瓦斯煤岩破坏电磁动力学[M]. 徐州：中国矿业大学出版社，1995.

[80]　撒占友何学秋王恩元. 工作面煤与瓦斯突出电磁辐射的神经网络预测方法研究[J]. 煤炭学报. 2004(05).

[81]　李忠辉，王恩元，何学秋，等. 电磁辐射实时监测煤与瓦斯突出在煤矿的应用[J]. 煤炭科学技术.

[82]　Frid V I. Electromagnetic radiation method for rock and gas outburst forecast[J]. Journal of Applied Geophysics. 1997，38(2)：97 - 104.

[83]　Xiao - Zhao L，An - Zeng H. Prediction and prevention of sandstone - gas outbursts in coal mines[J]. International Journal of Rock Mechanics & Mining Sciences. 2006(43)：2 - 18.

[84]　张剑英，程健，侯玉华. 煤矿瓦斯浓度预测的 ANFIS 方法研究[J]. 中国矿业大学学报. 2007，34(4)：494 - 498.

[85]　桂祥友，郁钟铭. 基于灰色关联分析的瓦斯突出危险性风险评价[J]. 采

矿与安全工程学报. 2006(04).

[86] 郭德勇，范金志，马世志，等. 煤与瓦斯突出预测层次分析-模糊综合评判方法[J]. 北京科技大学学报. 2007(07).

[87] 谭云亮，肖亚勋，孙伟芳. 煤与瓦斯突出自适应小波基神经网络辨识和预测模型[J]. 岩石力学与工程学报. 2007(S1).

[88] 张子戌，刘高峰，吕闰生，等. 基于模糊模式识别的煤与瓦斯突出区域预测[J]. 煤炭学报. 2007, 32(06): 592-595.

[89] 王其军，程久龙. 基于免疫神经网络模型的瓦斯浓度智能预测[J]. 煤炭学报. 2008, 33(6): 665-669.

[90] 王文. 数据融合及虚拟仪器在瓦斯监测系统中的应用研究[D]. 辽宁工程技术大学, 2006.

[91] 胡千庭. 矿井瓦斯防治技术优选: 煤与瓦斯突出和爆炸防治[M]. 徐州: 中国矿业大学出版社, 2008.

[92] 林彬. 载体催化元件恒温检测甲烷浓度的研究[J]. 电子科技大学学报. 2006, 35(04): 91-93.

[93] 王汝琳，姚承三. 载体催化元件特性的研究[J]. 中国矿业大学学报. 1982, 11(01): 24-34.

[94] 郭鑫禾，王建学，刘宇轩. 光干涉瓦斯传感器的研究[J]. 煤炭学报. 2000, 25(S1): 165-168.

[95] 王子江，潘云，叶向荣，等. 光干涉式甲烷浓度检测系统的研制[J]. 传感技术学报. 1994(04): 55-58.

[96] 斯太施涅娃 с и，安志雄. 矿用热导式沼气测头的工作特点[J]. 煤矿安全. 1989(08): 52-55.

[97] 陈小明，缪有贵，江龙生，等. 瓦斯警报仪用气敏半导体元件稳定性研究[J]. 中国科学技术大学学报. 1976(Z1): 179-194.

[98] 张宇，王一丁，李黎，等. 甲烷红外吸收光谱原理与处理技术分析[J]. 光谱学与光谱分析. 2008, 28(11): 2515-2519.

[99] 韩晓冰，吕光杰，汪峰. 煤矿甲烷红外检测系统[J]. 工矿自动化. 2009(03): 1-4.

[100] Ma W, Dong L, Yin W, et al. Frequency stabilization of diode laser to 1.637 μm based on the methane absorption line[J]. Chinese Optics Letters. 2004, 2(08): 486-488.

[101] di Song, Liu K, Kong F, et al. Neutral dissociation of methane in the ultra-fast laser pulse[J]. Chinese Science Bulletin. 2008, 53(13):

1946 - 1950.

[102] Han J, Kamber M. Data Mining：Concepts and Techniques[M]. San Fransisco：Morgan Kaufmann Publishers，2001.

[103] 张昕. 不完备信息系统下空缺数据处理方法的分析比较[J]. 海南师范大学学报(自然科学版). 2008，21(04)：444 - 447.

[104] Kryszkiewicz M. Rough set approach to incomplete information systems[J]. Information Sciences：an International Journal. 1998，112(4)：39 - 49.

[105] 孟军，刘永超，莫海波. 基于粗糙集理论的不完备数据填补方法[J]. 计算机工程与应用. 2008，44(06)：175 - 177.

[106] 鄂旭，高学东，武森. 一种新的遗失数据填补方法[J]. 计算机工程. 2005，31(20)：6 - 7.

[107] 金义富，朱庆生，邢永康. 序列缺失数据的灰插值推理方法[J]. 控制与决策. 2006(02)：118 - 122.

[108] Deng J. Grey Prediction and Grey Decision[M]. Wuhan：The Press of Huazhong University of Science and Technology，2002.

[109] Yeh M F，Chen Y J，Chang K C. ECG Signal Pattern Recognition Using Grey Relational Analysis[C]// New York：IEEE Press，2004：725 - 730.

[110] Lin Z C，Lin W S. The Application of Grey Theory to the Prediction of Measurement Points for Circularity Geometric Tolerance[J]. J of Advanced Manufacturing Technology. 2001，17(5)：348 - 360.

[111] 杨庆芳. 先进的交通管理系统关键理论与方法研究[D]. 吉林大学，2004.

[112] Lee J，Wong D W S. Statistical Analysis with ArcView GIS [M]. New York：John Wiley & Sons，Inc. ，2001.

[113] 金义富，朱庆生，邢永康. 序列缺失数据的灰插值推理方法[J]. 控制与决策. 2006(02)：118 - 122.

[114] 廖惜春，丘敏，麦汉荣. 基于参数估计的数据融合算法研究[J]. 传感器与微系统. 2006(10)：70 - 73.

[115] 付华，杜晓坤. 基于 Bayes 估计理论的数据融合方法[J]. 自动化技术与应用. 2005，24(4)：10 - 12.

[116] 肖雷. 多传感器最优估计与融合算法[D]. 西安电子科技大学，2009.

[117] 杨兆升，杨庆芳，冯金巧. 路段平均速度组合融合算法及其应用[J].

吉林大学学报(工学版). 2004：156 - 159.

[118] 李高正. 煤矿监控系统瓦斯数据分析技术研究[J]. 煤炭科学技术. 2008，36(04)：58 - 60.

[119] 秦汝祥，张国枢，杨应迪. 瓦斯涌出异常预报煤与瓦斯突出[J]. 煤炭学报. 2006，31(05)：599 - 602.

[120] 高莉，胡延军，于洪珍. 基于 W - RBF 的瓦斯时间序列预测方法[J]. 煤炭学报. 2008(01).

[121] Maxion R A，Feather F E. A Case Study of Ethernet Anomalies in a Distributed Computing Environment[J]. IEEE Transaction on Reliability. 1990，39(4)：433 - 443.

[122] Hawkins D M. Identification of outliers [M]. London：Chapman and Hall，1980.

[123] Alarcon - Aquino V，Barria J A. Anomaly detection in communication networks using wavelets [J]. IEE Proceedings - Communications. 2001，148(6)：355 - 362.

[124] Brutlag J. Aberrant behavior detection in time series for network monitoring [C]// New Orleans：USENIX LISA，2000：139 - 146.

[125] Thottan M，Ji C. Statistical Detection of Enterprise NetworkProblems [J]. Journal of Network and Systems Management. 1999，7(1)：27 - 45.

[126] 李锋. 大流量网络异常检测技术的研究与设计[D]. 山东大学，2008.

[127] 王振龙，胡永宏. 应用时间序列分析[M]. 北京：科学出版社，2007.

[128] Allen J R. Driving by the Rear - View Mirror：Managing a Network with Cricket[C]// 1999.

[129] Brockwell P J，Davis R A. Introduction to Time Series and Forecasting[M]. New York：Springer，1996.

[130] 韦博成. 参数统计教程 [M]. 北京：高等教育出版社，2006.

[131] 邹柏贤. 网络流量异常检测与预测方法研究[D]. 中国科学院研究生院(计算技术研究所)，2003.

[132] de Soiza P V. Statistical tests and distance measures for LPC coefficients[J]. IEEE Transactions on Acoustics, Speech and Signal Processing. 1977，25(6)：554 - 559.

[133] 邓聚龙. 灰色系统基本方法[M]. 武汉：华中科技大学出版社，1987.

[134] Akaike H. A New Look at the Statistical Model Identification[J].

IEEE Transactions on Automatic Control. 1974，19(6)：716 - 723.

[135] Box G，Jenkins G M，Reinsel G. Time Series Analysis：Forecasting and Control [M]. Prentice Hall，1994.

[136] 赵松年. 非线性科学：它的内容、方法和意义[M]. 北京：科学出版社，1994.

[137] Qiyuan P. Research on the Intelligent System for Train Regulation [C]. Beijing：China Association for Science and Technology，2000.

[138] Mohammed J Z. Scalable Algorithms for Association Mining[J]. IEEE Transactions on Knowledge and Data Engineering. 2000，12(3)：372 - 390.

[139] 罗佑新，张龙庭，李敏. 灰色系统理论及其在机械工程中的应用[M]. 长沙：国防科技大学出版社，2001.

[140] 刘思峰，谢乃明. 灰色系统理论及其应用[M]. 北京：科学出版社，2008.

[141] 邢延炎，吕建军，吴亮. 城市环境模糊预测与综合评价信息系统[M]. 武汉：中国地质大学出版社，2006.

[142] 潘峰，付强，梁川. 模糊综合评价在水环境质量综合评价中的应用研究[J]. 环境工程. 2002，20(02)：58 - 61.

[143] 胡永宏，贺思辉. 综合评价方法[M]. 北京：科学出版社，2000.

[144] 田景文，高美娟. 人工神经网络算法研究及应用[M]. 北京：北京理工大学出版社，2006.

[145] Chunjiang L，Xuejun Y，Nong X. A Backup Resource Selection Algorithm Based on Resource Clustering in Computational Grid[J]. Journal of Computer. 2004，28(8)：1137 - 1142.

[146] 郝吉生，袁崇孚. 模糊神经网络技术在煤与瓦斯突出预测中的应用[J]. 煤炭学报. 1999，24(06)：624 - 627.

[147] Masters T. Practical Neural Network Recipies in C++ [M]. New York：Academic Press，1993.

[148] 童敏明，胡俊立，唐守峰. 不同应力速率下含水煤岩声发射信号特性[J]. 采矿与安全工程学报. 2009，26(1)：97 - 100.

[149] 邹银辉，赵旭升，刘胜. 声发射连续预测煤与瓦斯突出技术研究[J]. 煤炭科学技术. 2005，33(6)：18 - 24.

[150] 付元杰. 基于时频能量分析的声发射特征信息的提取方法研究[D]. 广西：广西大学，2006.

[151] 袁哲. DSP 在声发射信号模式识别中的应用技术[D]. 南京：南京工业大学，2009.

[152] 李光海. 声发射源识别技术的研究[D]. 广州：华南理工大学，2002.

[153] 李学娟. 基于小波分析的煤与瓦斯突出预测信号提取技术研究[D]. 河南：河南理工大学，2005.

[154] 林大建，郑新宇，邬长福. 矿山竖井安全状况蝴蝶突变评价模型的分析和探讨[J]. 矿业安全与环保. 2008(05).

[155] 梁桂兰，徐卫亚，何育智，等. 突变级数法在边坡稳定综合评判中的应用[J]. 岩土力学. 2008(07).

[156] T P，I S. Catastrophe Theory and Its Application [M]. London：Pitam，1978.

[157] Nee C S，K H J. Methods of Bifurcation Theory[M]. New York：Springer–Verlag，1982.

[158] 宋一鸣. 基于声发射的煤与瓦斯突出预测研究[D]. 辽宁工程技术大学，2012.